EXAMEN

DES

PRINCIPES LES PLUS FAVORABLES

AUX PROGRÈS DE L'AGRICULTURE,

DES MANUFACTURES ET DU COMMERCE

EN FRANCE.

DE L'IMPRIMERIE DE CELLOT.

EXAMEN

DES

PRINCIPES LES PLUS FAVORABLES

AUX PROGRÈS DE L'AGRICULTURE,

DES MANUFACTURES ET DU COMMERCE

EN FRANCE.

Par L. De Baïst

Sécurité des personnes, garantie des propriétés,
concurrence illimitée, stabilité des lois.

TOME SECOND.

———————

A PARIS,

CHEZ ANTOINE-AUGUSTIN RENOUARD,
RUE SAINT-ANDRÉ-DES-ARCS, N° 55.

M. DCCC. XV.

EXAMEN

DES

PRINCIPES LES PLUS FAVORABLES

AUX PROGRÈS DE L'AGRICULTURE,

DES MANUFACTURES ET DU COMMERCE

EN FRANCE.

TROISIÈME PARTIE.

COMMERCE.

CHAPITRE PREMIER.

Du Commerce en général, et de celui de la France jusqu'à la révolution.

LE commerce remonte aux premiers âges du monde. Les hommes ont dû, dès l'origine des temps, se rassembler, se réunir en troupes pour s'aider mutuellement, et se défendre contre les attaques des bêtes féroces et des animaux carnassiers. Il y eut dès lors entre eux des échanges de secours, de services, d'armes défensives ou offensives, des fruits de la terre et des substances nécéssaires à la vie, qu'elle produit spontanément.

Le premier état de l'homme est l'état sauvage; mais les hommes, même dans cette situation, ont besoin les uns des autres. Ils n'ont pas reçu, tous, de la nature la même force, la même activité, la même intelligence; ils sont forcés de recourir les uns aux autres pour les choses qu'ils ne se sentent pas la capacité de faire ou d'entreprendre. L'un est plus habile à faire des arcs et des flèches, l'autre à construire des huttes ou des canots, celui-ci à apprêter et façonner les peaux des bêtes tuées à la chasse, celui-là à faire des outils et des instrumens : il s'établit ainsi entre eux une communication de services mutuels, un véritable commerce. Mais les sauvages n'ayant aucune idée de signes ou de métaux représentatifs des valeurs, ce commerce ne peut se faire que par les échanges qu'ils font entre eux des choses dont ils ont réciproquement besoin. Aussi tous les voyageurs qui ont parcouru les déserts de l'Afrique et de l'Amérique où il existe des peuplades de sauvages, s'accordent à dire que c'est uniquement par des échanges qu'ils trafiquent entre eux et avec les Européens.

Lorsque les hommes passent de l'état sauvage à la vie pastorale, quoique leur situation soit bien améliorée et que leur existence soit moins précaire, leur commerce, plus étendu que celui des sauvages, parce qu'ils ont plus de besoins, ne peut se faire encore que par des échanges.

Leur richesse consiste dans leurs troupeaux : le besoin de les nourrir et de leur procurer de bons pâturages les force à changer souvent le lieu de leur résidence. Leur vie est errante et jamais sédentaire; ils n'ont ni villes, ni villages, ni même de maisons. Toujours sous la tente, ils ne songent pas même à creuser des mines pour en tirer des métaux, bien moins encore à fabriquer les machines et les outils nécessaires pour battre monnoie; ils ne connoissent qu'imparfaitement la valeur des signes monétaires qu'ils voient dans les mains des étrangers, et ils ne peuvent y avoir de confiance; ils sont donc réduits à faire leur commerce par la voie des échanges. Cet état est encore celui des Arabes qui sont restés pasteurs.

Le passage de la vie pastorale, qui a tant d'attraits, à l'état agricole, qui exige bien plus de travaux, de soins et de fatigues, n'a pas dû se faire subitement. C'est après avoir épuisé les pâturages d'un vaste pays; après avoir éprouvé les inconvéniens de plusieurs famines; après avoir eu connoissance des substances nourricières que certaines contrées voisines produisoient, et après avoir reçu en échange ces substances des étrangers qui les leur apportoient, que les peuples pasteurs de l'Asie se sont déterminés à cultiver la terre.

Dès ce moment, la nécessité de se procurer des

instrumens aratoires, de construire des abris pour
leurs récoltes, des machines pour broyer leurs
grains, des fours pour en cuire la farine, leur fit
sentir le besoin d'un grand nombre d'arts et de
métiers divers. Leurs idées, progressivement
agrandies, les ont conduits à plusieurs inventions
qui se sont, avec le temps, perfectionnées. Leur
aisance, augmentée, a multiplié leurs besoins et
leur a fait désirer de nouvelles jouissances : ils ont
voulu avoir des ameublemens plus commodes et
plus riches ; ils ont eu plus de recherche et de luxe
dans leurs vêtemens.

Telle a été l'origine des manufactures, qui se
sont multipliées et perfectionnées en proportion
de la prospérité de l'agriculture et de l'aisance
qu'elle procuroit à ceux qui cultivoient les terres.
Bientôt les manufactures devinrent assez importantes pour être l'unique occupation d'un grand
nombre d'individus.

Les agriculteurs et les manufacturiers, après
avoir consacré une partie de leur temps à suivre
la profession particulière qu'ils avoient embrassée,
étoient forcés d'employer l'autre à faire entre
eux les échanges qui leur étoient nécessaires : les
uns, des denrées qu'ils récoltoient ; les autres, des
marchandises qu'ils fabriquoient. Ces négociations
leur faisoient perdre un temps précieux, qu'ils
auroient voulu économiser et réserver pour leur
profession particulière. Tous alors reconnurent

la nécessité de se servir de facteurs et d'agens intermédiaires : le commerce devint cet agent général intermédiaire.

Les hommes, n'étant arrêtés par aucune limite, promenoient au loin leurs regards sur les terres qui étoient à leur convenance, et s'en emparoient pour les cultiver. L'augmentation des cultures formoit, chaque année, un accroissement dans la masse des productions et des subsistances. Cet excédant annuel étoit le plus puissant encouragement pour la multiplication de l'espèce humaine, et, bientôt doublant l'aisance et les richesses particulières, augmentoit les besoins de toutes les familles. Ces causes réunies, réagissant les unes sur les autres, faisoient marcher de front l'agriculture, la population, les manufactures, les arts, le commerce et la civilisation.

C'est précisément ce qui est arrivé de nos jours dans les deux Amériques et principalement dans l'Amérique septentrionale ; et c'est ce qui nous explique de quelle manière la terre a pu se peupler si rapidement dans les premiers âges du monde.

Ce fut à ces époques que se formèrent ces grands empires des Égyptiens, des Assyriens, des Mèdes, des Babyloniens et des Perses, dont l'histoire nous a fait connoître les richesses et la puissance.

Ces vastes pays ne pouvoient être parvenus à un si haut degré de prospérité et de grandeur que par une pratique longue et constante de lois sages et bienfaisantes, protectrices de toutes les industries, qui dans tous les temps ont été les seuls moyens d'augmenter la population et d'accumuler les richesses.

Nous sommes frappés d'étonnement lorsque nous lisons les descriptions que nous font les anciens historiens de la grandeur des villes de l'Egypte et de l'Asie, du luxe des princes, de la magnificence des temples, des palais et des monumens publics. Les récits des historiens nous sont confirmés par la vue de ces ruines, de ces constructions prodigieuses que le temps et les révolutions ont épargnées. Des travaux si immenses ne peuvent avoir été entrepris et achevés que par des peuples très-nombreux, très-riches, très-industrieux, et très-avancés dans tous les arts de la civilisation; ils sont la preuve de la prospérité déjà ancienne de l'agriculture et des manufactures dans ces empires : car leurs richesses ne pouvoient provenir que du renouvellement annuel d'une quantité immense de produits agricoles et manufacturiers. Ils attestent en même temps l'existence d'un commerce florissant, puisque ces produits ne pouvoient parvenir aux consommateurs que par des agens intermédiaires, qui, comme aujourd'hui, étoient des commerçans.

Le commerce a dû être également florissant dans toutes les républiques de Grèce et d'Italie, en Sicile, et dans tous les pays dont les historiens anciens nous ont fait connoître les richesses et la puissance. Il l'a été moins chez les Romains, qui pendant plusieurs siècles n'ont fondé leur opulence et leurs ressources que sur la conquête, la dévastation, et le pillage de tous les peuples du monde connu, qu'ils avoient soumis à leur domination, et qu'ils assujétissoient ensuite à des tributs énormes et à des charges accablantes.

Le commerce fut moins protégé encore sous les empereurs romains, dont les lieutenans dans les provinces se permettoient les plus horribles vexations contre les marchands.

Après la conquête des provinces de l'empire d'Occident par les barbares, le commerce fut presque anéanti : il eut le sort de toutes les autres institutions de la civilisation, qui furent abolies, ou oubliées. Les siècles d'ignorance qui suivirent, et le régime féodal, lui portèrent les derniers coups. Chaque province, chaque canton, chaque seigneurie, étoient une souveraineté particulière, un état isolé. Tous les châteaux étoient autant de forteresses, où les marchands qui se seroient présentés auroient été rançonnés ou traités comme des espions. Les paysans, presque tous esclaves, étoient vêtus d'étoffes grossières de toile ou de laine, qui se fabriquoient dans chaque famille. Leurs maîtres se contentoient aussi de vêtemens assez grossiers dans les temps ordi-

naires. Toujours les armes à la main , et presque
continuellement en guerre avec leurs voisins, ils
étoient forcés de consacrer la plus grande partie
de leurs revenus aux dépenses que ces guerres
leur occasionnoient. Ils n'étoient recherchés que
pour leurs armures et celles de leurs chevaux,
qu'ils faisoient venir des villes. Ils en tiroient
aussi les étoffes précieuses dont ils se paroient
dans les cérémonies, où ils se piquoient d'étaler
une grande magnificence. Quelques-unes de ces
étoffes étoient fabriquées dans les grandes villes
de France; mais on en faisoit venir la plus grande
partie de Flandre et d'Italie, dont les commerçans les échangeoient contre des grains et des
vins de France. Telle a été la situation du commerce de ce royaume pendant plusieurs siècles,
et long-temps après le règne de Saint Louis.
Les marchands ne jouissoient d'aucune considération. Ils étoient pour la plupart Juifs ou Italiens; tous, et principalement les Juifs, étoient
exposés à des vexations habituelles. Lorsque le
gouvernement avoit besoin d'argent, il les chas-
soit sous différens prétextes, et confisquoit leurs
biens : c'est ce qui donna lieu de leur attribuer
l'invention des lettres de change, parce qu'ils
s'en servoient pour sauver une partie de leurs
capitaux. Lorsque de nouveaux besoins se faisoient sentir, on les rappeloit, mais sous la condition de payer encore de fortes sommes d'argent.

La situation des marchands étoit si précaire, et l'argent étoit si rare, que, lorsqu'ils éprouvoient eux-mêmes des besoins, ils ne trouvoient à emprunter qu'à des intérêts excessifs. Cette situation étoit peu améliorée au quatorzième siècle, même sous le règne de Charles V, surnommé *le sage*, pendant lequel la France fut heureuse dans toutes ses guerres, et fut plus considérée au dehors et mieux gouvernée qu'elle ne l'avoit été depuis Saint Louis, et qu'elle ne le fut long-temps après jusqu'à Louis XII. L'intérêt ordinaire de l'argent étoit à quarante pour cent.

On voit dans les *Ordonnances du Louvre* des lettres patentes de Charles V en faveur d'une compagnie d'usuriers, à qui on accordoit le privilége de faire l'usure pendant six ans exclusivement dans les villes d'Amiens, d'Abbeville et de Meaux, en prêtant sur gages, et à condition de ne prendre au-delà de deux deniers pour franc par chaque semaine (plus de quarante pour cent par an) : ce qui fait présumer que le taux ordinaire de l'intérêt étoit encore plus haut. Le même roi, par autres lettres patentes du 2 juin 1380, accorda à cinq usuriers le même privilége et à un taux plus élevé, pendant quinze ans, dans la ville de Troyes. Il leur promit en outre sa protection contre le légat du pape, s'il s'avisoit d'inquiéter leur trafic.

Cependant, à cette époque, l'autorité royale

commençoit à s'affermir : plusieurs grandes provinces étoient rentrées à la couronne ; la puissance des grands vassaux étoit considérablement
diminuée ; le régime féodal avoit souffert de
fortes atteintes, et l'administration du royaume
étoit mieux ordonnée. Si donc l'intérêt de l'argent étoit alors à quarante et quarante-cinq pour
cent, à quel taux avoit-il été porté dans des temps
plus reculés, où la France étoit livrée à tous les
désordres et à tous les pillages, qui étoient la
suite nécessaire des guerres continuelles de l'a-
narchie féodale ?

Le commerce n'étoit pas dans ces temps exposé
aux mêmes entraves et aux mêmes vexations en
Flandre et dans les Pays - Bas. Ces provinces
étoient dès lors très - avancées en agriculture :
elles avoient un grand nombre de manufactures
de toiles et de lainages, toutes très-florissantes.
Leurs villes maritimes, et surtout celle d'Anvers,
facilitoient leurs relations avec les villes anséatiques, l'Angleterre, les républiques de Venise et
de Gênes, et toutes les villes commerçantes de
l'Italie. Ce grand commerce procuroit aux Flamands d'immenses avantages, et enrichissoit un
grand nombre de familles. Les souverains, qui
avoient leur part de tant de richesses, et qui ne
pouvoient se dissimuler que cette industrie étoit
appuyée sur les priviléges et les libertés dont les
habitans jouissoient, les respectèrent presque tou-

jours. Lorsque quelques-uns d'entre eux voulu-
rent les enfreindre, les Flamands, soutenus par
les états de leurs provinces, les défendirent avec
autant de courage que de succès.

Les édifices publics, les quais, les ponts que
l'on admire dans les villes et même dans les villages; les chemins, les canaux, les digues, les
travaux immenses construits à grands frais pour
contenir les fleuves et les vagues de la mer, attestent une prospérité extraordinaire et une accumulation de richesses très-ancienne dans ces
provinces.

Pendant que toutes les industries étoient florissantes dans les Pays-Bas, le commerce lan-
guissoit en France. Cet état continua jusqu'au
règne de Henri IV. La bonne administration de ce
prince, et la protection qu'il accorda aux habitans des campagnes, contre les vexations des gens
de guerre, en augmentant l'aisance et les consommations des villageois, furent favorables au
commerce. Ses progrès furent beaucoup plus rapides sous Louis XIV pendant le ministère de
Colbert. Les manufactures, qu'il encouragea, ac-
quirent en peu de temps une perfection extraordinaire, et elles obtinrent une préférence marquée dans tous les pays de l'Europe. Le commerce
français contribua fortement à leurs succès par
les correspondances et les relations qu'il étendit
dans les contrées les plus éloignées. Cette pros-

périté se ralentit après la mort de Colbert en 1683 ; elle diminua plus sensiblement encore pendant les quinze dernières années du règne de Louis XIV. La situation du commerce ne fut pas améliorée pendant la régence. Il se rétablit et prit un nouvel essor pendant le ministère du cardinal de Fleury, et sa prospérité, qui n'a cessé depuis jusqu'à la révolution d'acquérir de nouveaux accroissemens, a été plus durable et a jeté de profondes racines. Les progrès des cultures dans nos colonies, et surtout à Saint-Domingue, ouvrirent au commerce extérieur de nouveaux débouchés; ils vivifièrent les ports de mer, les manufactures et le commerce intérieur.

La révolution, la destruction de Saint-Domingue, et la perte de toutes les autres colonies, l'interruption de nos relations de commerce avec tous les peuples du monde, les convulsions et les désordres d'une longue anarchie, arrêtèrent toutes ces prospérités. Tous les commerces sembloient anéantis, et il paroissoit impossible qu'ils pussent de très-long-temps se rétablir.

L'agriculture, pendant ces jours de deuil et de désastres, prospéroit en silence, et l'augmentation subite de l'aisance des campagnes a opéré, comme on l'a déjà remarqué, ce miracle inespéré du rétablissement des manufactures et du commerce de France.

Depuis quinze ans, le commerce a été exposé aux

mêmes crises et aux mêmes secousses périodiques que les manufactures. Les événemens déplorables de 1814 et de 1815 n'ont pas eu les suites funestes qu'on devoit craindre, et ils n'ont pas occasionné autant de désastres et de banqueroutes qu'on auroit dû s'y attendre.

Il est impossible de ne pas reconnoître une vérité qui paroît incontestable, c'est qu'aujourd'hui les manufactures et le commerce de France sont posés sur leur véritable base, sur la prospérité de l'agriculture, sur l'aisance et les consommations des vingt millions d'hommes qui habitent les campagnes, sur les revenus qu'ils versent dans les villes, et qui donnent à toutes les branches d'industrie le mouvement et la vie dont elles ont besoin.

Il est vrai aussi qu'il s'établit entre toutes les industries une réaction continuelle. Si l'agriculteur les fait toutes prospérer par ses consommations, par les produits et les revenus qu'elle répand dans les diverses classes de la société ; si elle contribue ainsi à l'accroissement de l'aisance et de la population parmi les manufacturiers et les commerçans, cette augmentation d'hommes et de richesses réagit sur l'agriculture, qui, pour satisfaire à de nouveaux besoins, est encouragée à produire davantage, et voit ainsi accroître sa population et son aisance. Les mêmes causes réagissant perpétuellement les unes sur les autres, doivent graduellement porter la France au plus haut degré de prospérité, si de fausses mesures et les erreurs du gouvernement, des guerres ou d'autres calamités, ne viennent pas ralentir la progression toujours croissante des succès de toutes les branches de son industrie.

Il est donc démontré que la France peut aujourd'hui, plus que jamais, compter sur ses propres ressources, et se suffire à elle-même par les produits immenses de toutes ses industries. Elle manque de certaines denrées précieuses et de matières premières dont la nature a favorisé des climats privilégiés; mais plusieurs de ses produits, recherchés de toutes les nations, lui fournissent abondamment les moyens d'échange dont elle a besoin.

Les commerçans sont les agens nécessaires de cette immense circulation de produits et de richesses. Leur intervention est indispensable aux agriculteurs et aux manufacturiers, qui ne pourroient, sans une perte de temps considérable et sans compromettre leurs intérêts, abandonner leurs cultures et leurs ateliers pour aller au loin vendre les produits de leur industrie; et c'est par cette raison que les commerçans et les artisans doivent être rangés dans les classes industrieuses et productives.

Les agens du commerce sont subdivisés en un grand nombre de professions diverses. Cette subdivision dans les affaires du commerce est aussi avantageuse aux commerçans et aux consommateurs, que l'est celle des travaux dans les manufactures : elle abrége le temps employé aux transactions ; elle les facilite en donnant plus d'habileté à chacun de ceux qui s'occupent exclusivement d'une profession particulière ; elle rend ainsi la circulation des marchandises beaucoup plus rapide.

Tous les commerces, même celui des produits de la terre, à l'exception de la portion consommée par le producteur et ses coopérateurs, ont besoin de plusieurs agens. Le fermier vend quelquefois son blé directement au boulanger, voisin de son domicile ; mais le plus souvent il le vend à un marchand de blé, celui-ci au meunier, et ce dernier, après l'avoir manipulé en farine, au boulanger, qui la convertit en pain, qu'il distribue aux consommateurs.

La même marche est suivie pour la vente des animaux destinés à la boucherie, pour les vins, les huiles, les chanvres, les lins, les bois, les laines et les autres matières premières. Tous les produits de la terre et des manufactures passent ordinairement en plusieurs mains avant d'arriver dans celles du consommateur. Les nombreux agens employés dans tous les genres d'industrie concourent tous à augmenter l'utilité et la valeur des denrées et marchandises, soit en les produi-

sant, soit en leur donnant divers degrés de main-
d'œuvre, soit en les voiturant et en les mettant à
la portée des consommateurs, les uns comme cultivateurs, les autres comme fileurs, fabricans,
tisserands, apprêteurs, voituriers, négocians, cour-
tiers, détaillans, bouchers, boulangers, tailleurs,
couturières, menuisiers, serruriers, etc.

Les agens employés à donner aux produits de
l'industrie agricole et manufacturière la dernière
main-d'œuvre, et qui forment la classe nombreuse
des artisans, tels que les boulangers, les tailleurs,
les cordonniers et tant d'autres, ne sont ni les
moins utiles, ni les moins intéressans pour les
consommateurs, avec lesquels ils ont des rapports
habituels et journaliers. Tous doivent avoir leur
part de la considération publique, tous ont des
droits égaux à la justice et à la protection du
gouvernement.

Les mépris dont on couvroit autrefois les professions laborieuses, depuis celle d'agriculteur
jusqu'à celle des artisans les plus nécessaires ; les
dédains que les gens du bon ton affectoient envers
les classes nombreuses livrées à ces professions,
prenoient leur source dans les vices de l'éducation,
dans l'ignorance et l'orgueil des hautes classes,
dans les préjugés de la féodalité, qui n'estimoient
que l'art militaire. Ces préjugés étoient tellement
enracinés, et ils avoient infecté tous les rangs
de la société à un tel degré, que les plus habiles

manufacturiers, les négocians les plus distingués, lorsqu'ils avoient amassé une certaine fortune, se hâtoient de quitter leur état, tout lucratif qu'il fût, à cause du peu de considération dont ils jouissoient, pour acheter une charge sans émolumens, qui les anoblissoit.

Combien ces opinions étoient erronnées ! combien elles étoient nuisibles aux progrès de toutes les industries ! Pour que les hommes s'attachent à leur profession, qu'ils s'appliquent à perfectionner les mécaniques et les instrumens dont ils se servent, à inventer des méthodes plus expéditives, à encourager leurs ouvriers par des récompenses, à élever leurs enfans dans le même état, où ils pourroient devenir plus habiles que leurs pères, il faut sans doute qu'il leur soit profitable; mais il est plus nécessaire encore que leur profession jouisse de l'estime publique, et qu'elle leur assure dans la société une considération telle qu'il n'y ait pour eux aucun avantage à y renoncer pour en embrasser une autre. C'est en plaçant les diverses professions dans le véritable jour sous lequel elles doivent être envisagées, qu'on peut leur assigner la place qui leur est due dans l'opinion publique. Que l'on compare avec quelque attention les connoissances, les études, les talens nécessaires à un agriculteur, à un manufacturier, à un commerçant et même à un artisan, avec ceux que l'on exige ordinairement d'un officier d'infanterie ou de cavalerie; que l'on examine sans prévention les soins, les peines, les travaux, les inquiétudes, les dégoûts qui accompagnent les professions laborieuses, les hasards, les risques, les pertes auxquels elles sont exposées, et que l'on prononce ensuite avec impartialité sur les degrés de considération que la justice et la raison doivent accorder, soit aux classes laborieuses qui enrichissent l'état, soit aux militaires, qui le dévorent, et qui, dans la dépendance servile d'un souverain oppresseur, n'ont été dans tous les siècles que les instrumens de son ambition ou de sa tyrannie.

Après cet examen réfléchi, on sera convaincu (et l'expérience de plus de vingt ans l'a démontré) qu'un agriculteur, un manufacturier, un commerçant et même un artisan, peuvent facilement devenir de bons officiers, ou même d'habiles généraux, tandis que le meilleur officier ne deviendroit jamais ni un bon chef de manufactures, ni un commerçant actif et industrieux, ni même un artisan distingué.

Le commerce de France, comme celui de toutes les autres nations, se divise en deux branches principales, toutes deux très-importantes, mais pas au même degré : l'une est celle du commerce intérieur, l'autre est celle du commerce extérieur.

CHAPITRE II.

Du Commerce intérieur de la France.

—

Le commerce intérieur de la France est bien plus considérable que son commerce extérieur, et elle a à cet égard un grand avantage sur l'Angleterre, dont le commerce extérieur est le cinquième environ de son commerce intérieur, tandis que le commerce extérieur de la France est le seizième au plus de son commerce intérieur.

C'est par des colonies dans toutes les parties du monde, par l'empire de l'Inde, par une marine supérieure à toutes celles des autres nations, par des armées nombreuses entretenues dans toutes ses possessions, par des traités de commerce exclusifs, par des lois prohibitives rigoureuses, par une guerre commerciale sourde avec toutes les nations, que l'Angleterre peut soutenir le prodigieux édifice de son commerce extérieur.

La France n'a heureusement pas besoin d'employer tant de moyens dispendieux et forcés : il ne lui faut ni flottes, ni armées, ni traités de commerce, ni alliances pour conserver les diverses branches de son commerce ; sa prospérité, ses richesses et sa puissance reposent principalement sur son agriculture et sur les produits de son industrie intérieure.

Cette différence très-remarquable frappera sans doute un jour les législateurs de la France; elle leur fera connoître que les lois commerciales des deux nations ne doivent aucunement se ressembler, qu'elles doivent être au contraire entièrement différentes.

Les unes, toujours exclusives et menaçantes, doivent continuer à repousser toute concurrence étrangère. Les lois françaises, au contraire, devenues de plus en plus libérales, franches et généreuses, doivent admettre les productions de toutes les autres nations, parce que la France elle-même en a de plus riches et de plus abondantes à leur offrir.

Le commerce intérieur de la France se compose de tous les produits de l'industrie agricole et manufacturière, moins ce qui est consommé directement par les familles des agriculteurs et des fabricans.

Les consommations de la France sont nécessairement égales à ses productions; car tous les revenus dérivant des produits sont la mesure et la limite des consommations. S'il en étoit autrement, et si d'une part les produits étoient inférieurs à la consommation et insuffisans pour les besoins, un grand nombre d'hommes seroient privés de nourriture et de vêtemens; si d'autre part les productions excédoient la consommation pendant quelques années dans une proportion sensible, tous les prix s'aviliroient, toutes les industries seroient suspendues et paralysées. Loin de tendre à un accroissement progressif, elles deviendroient d'abord stationnaires, et bientôt après elles rétrograderoient. L'excédant qui seroit accumulé tous les ans formeroit, dans les granges, les greniers, les ateliers et les magasins, un engorgement tel, que le premier besoin seroit celui de s'en débarrasser au plus vil prix. Dès lors le paiement des fermages, des rentes, des impôts, deviendroit impossible ; dès lors les dépenses des particuliers et celles du gouvernement n'étant plus alimentées, tous les rouages de la machine de l'état seroient arrêtés.

Cette situation terrible a rarement existé pendant un long espace de temps : elle a eu lieu pendant plus d'un an sous le régime de la terreur, et, depuis, plus ou moins long-temps à diverses époques, lors des crises politiques que la France a éprouvées. Dans ces temps malheureux, les consommations sembloient s'arrêter tout à coup. Les greniers étoient pleins de blé, les magasins regorgeoient de denrées et de marchandises. Tout le monde vouloit vendre, personne ne vouloir acheter; les prix s'avilissoient; toutes les branches d'industrie diminuoient d'activité; les fabricans, ne recevant plus de demandes, cessoient leurs travaux et renvoyoient leurs ouvriers.

Les gouvernemens ont besoin de toute leur surveillance, et ils ne sauroient faire de trop grands sacrifices pour éviter ces secousses, dont le contre-coup, portant sur l'agriculture, les manufactures et l'emploi des capitaux, affoiblit sensiblement les ressources des sujets et celles du souverain.

Les principales causes qui influent sur le commerce et qui lui sont plus ou moins funestes, sont :

Un mauvais régime de douanes, qui prohibe ou charge de droits d'entrée et de sortie les matières premières, les denrées et les marchandises françaises et étrangères ;

Les priviléges et les monopoles ;

Les créations des jurandes et maîtrises ;

Les taxes des grains, du pain, de la viande ou autres marchandises ;

Les lois injustes et les actes arbitraires ;

Les altérations des monnoies d'or et d'argent et les créations de papier-monnoie ;

Les guerres ;

Les lois pénales trop rigoureuses contre les délits de commerce ;

Les impôts sur les produits de l'industrie.

Ces causes agissent avec plus ou moins de force

sur tous les commerces ; elles sont toutes un sujet d'alarmes et d'inquiétudes; elles produisent ordinairement ou un ralentissement ou une stagnation totale dans les affaires, et, suivant qu'elles sont plus ou moins prolongées, leurs effets sont plus ou moins désastreux pour une multitude d'agriculteurs, de manufacturiers et de commerçans, qu'elle réduit à l'impossibilité de satisfaire à leurs engagemens.

Ces causes diverses affectent rarement une seule branche de commerce et d'industrie ; elles leur sont le plus souvent préjudiciables à toutes, soit directement, soit indirectement. Elles deviennent ainsi des calamités publiques qui intéressent la nation entière. Je vais m'efforcer d'en faire connoître les conséquences. Ces matières importantes auroient besoin d'être développées avec une grande étendue, elles exigeroient des volumes ; mais elles sont abstraites et peu amusantes. J'abrégerai mes réflexions le plus qu'il me sera possible, afin de ne pas fatiguer la patience des lecteurs.

CHAPITRE III.

D'un mauvais régime de douanes, qui prohibe ou charge de droits d'entrée et de sortie les denrées et les marchandises françaises et étrangères.

—

On peut dire que dans aucun pays du monde il n'existe un bon système de douanes : tous sont sujets à des variations journalières dans le taux et la perception des droits; tous sont nuisibles ou à l'agriculture, aux manufactures et au commerce, ou aux consommateurs. Les gouvernemens s'efforcent de persuader aux peuples qu'ils établissent des douanes pour protéger les manufactures et le commerce : leur but réel est l'intérêt du fisc. L'industrie des nations n'est pas plus favorisée par l'établissement des douanes, que ne l'est l'industrie de nos campagnes par l'établissement des barrières à la porte de toutes les villes où elles portent leurs denrées : plus elles payent de droits d'entrée, et moins il s'en consomme.

Les prohibitions et les droits à l'importation des denrées et marchandises venant de l'étranger, telles que les comestibles de toutes espèces, les vins, le sucre, le café, etc., sont nuisibles aux consommateurs, diminuent leurs jouissances, et leur imposent des privations pénibles. Lorsqu'ils sont établis sur les matières premières, ils sont préjudiciables aux manufactures, et les exposent à ne pouvoir supporter la concurrence des fabriques étrangères.

Lorsque ces prohibitions ou droits existent à l'exportation des denrées, comestibles, vins, marchandises ou matières premières du produit de la France, ils découragent l'agriculture et les manufactures, et sont nuisibles à tous les producteurs de denrées ou de marchandises. Dans les deux cas, ils influent sur tous les commerces, en diminuant les consommations. Si les prohibitions de sortie portent sur les subsistances, principalement sur les grains, elles occasionnent des inquiétudes et des alarmes dont les conséquences sont toujours fâcheuses. Il est bien préférable que la loi de la libre exportation renferme une disposition spéciale qui arrête la sortie aussitôt que le prix des grains aura atteint la limite fixée, sans qu'il soit besoin d'aucune nouvelle mesure prohibitive, dont les effets sont plus ou moins dangereux.

Ces propositions étant discutées dans plusieurs parties de cet ouvrage, je me bornerai à faire connoître le danger des prohitions et des droits de douane par deux exemples.

Le premier est plus ancien, et il est d'autant plus remarquable, que la mesure législative dont

je vais parler, fut l'ouvrage d'un ministre esti-
mable, long-temps appuyé de l'opinion publique,
M. Necker, dont la droiture et les bonnes intentions n'ont jamais été révoquées en doute.

Lorsqu'il fut rappelé au ministère en 1788, il
existoit une loi qui permettoit la libre exportation des grains par tous les ports et par toutes les
frontières du royaume. Cette loi, proposée par
M. de Calonne à la première assemblée des No-
tables, quelques années auparavant, à une époque
où le blé étoit à vil prix, avoit été adoptée à l'u-
nanimité. Elle avoit été enregistrée sans réclamation dans tous les parlemens; elle fixoit des
limites raisonnables à l'exportation; elle avoit été
généralement approuvée par la nation : depuis
qu'elle étoit en vigueur le prix des grains n'avoit
pas éprouvé de variation sensible; les exportations même avoient été très-foibles, ainsi que
M. Necker le déclara publiquement quelque
temps après.

Plusieurs provinces voisines de la capitale
ayant été exposées, en juillet 1789, à une grêle
qui endommagea les récoltes d'un assez grand
nombre de villages dans ces provinces, le ministre, effrayé, fit rendre un simple arrêt du conseil, qui suspendoit cette loi solennelle de l'exportation, et qui prohiboit la sortie des grains
sous des peines sévères.

Cette mesure prohibitive, dictée par un désir

de popularité porté à l'excès, produisit les plus terribles effets. Plus le ministre étoit estimé, plus ses craintes parurent fondées. Les alarmes et les inquiétudes se propagèrent avec la rapidité de l'éclair, et se fixèrent tellement dans toutes les têtes, que, pendant plus de deux ans, la France fut exposée à toutes les horreurs d'une famine et d'une disette imaginaires.

Cette grave erreur (1) a été une des causes des désordres qui ont bouleversé et ensanglanté le royaume pendant les premières années de la révolution.

Le second exemple se rapporte aux droits d'entrée établis par le gouvernement impérial à l'importation des matières premières, et notamment des cotons en laine.

On a vu dans la seconde partie de cet ouvrage que les filatures et les fabriques de coton françaises avoient acquis une prospérité et une perfection qu'on ne pouvoit se lasser d'admirer, lorsque tout à coup l'établissement d'un droit énorme (2) sur les cotons en laine jeta la cons-

____

(1) Elle a dû coûter bien des chagrins et bien des regrets à M. Necker. Comment pouvoit-il ignorer que les grêles ne sont jamais que locales et partielles, qu'elles n'ont peut-être jamais détruit les récoltes d'un village entier, bien moins encore celles d'un canton et d'une province ?

(2) On ne peut s'empêcher de remarquer ici que la suppression subite des droits sur les cotons a été ruineuse pour

ternation parmi tous les fabricans et leurs ouvriers. La conséquence de cette mesure, si elle
eût duré quelques années, eût été la ruine de
toutes ces fabriques, les unes après les autres; car
elles n'auroient jamais pu supporter la concurrence non-seulement de l'Angleterre, mais d'aucune autre nation de l'Europe.

Ces exemples suffisent pour prouver que les
lois prohibitives et les mesures législatives qui
ont rapport au commerce intérieur et extérieur,
devroient être long-temps méditées, et qu'elles
ne devroient être adoptées qu'après avoir été
examinées et discutées sans préjugés, sans préventions, et contradictoirement avec des hommes
éclairés en commerce, en manufactures et en
agriculture.

---

les marchands de cette matière première, pour les chefs des
filatures et des fabriques de cotonnades, et pour tous les
intéressés dans ce commerce, qui ont été exposés à une perte
plus ou moins forte sur les capitaux qu'ils y avoient employés. La mesure est très-bonne en elle-même, conforme
aux vrais principes du commerce; mais il eût été à désirer
que la suppression eût été graduelle, et qu'elle n'eût commencé à être exécutée que trois ou quatre mois après la
publication de la loi. Une administration sage évitera toujours les secousses et les changemens trop brusques dans les
lois commerciales. L'anéantissement des capitaux dans les
mains des négocians est une perte réelle pour l'état.

CHAPITRE IV.

Des Priviléges et des Monopoles.

—

Les priviléges sont une faveur particulière accordée à un ou plusieurs individus, aux dépens d'autres individus et au détriment du public. On sait qu'avant la révolution il existoit en France des priviléges en faveur des deux premiers ordres, d'autres priviléges de diverses natures en faveur des pays d'états, de certaines provinces plus récemment réunies à la couronne, de diverses corporations, et enfin des priviléges particuliers accordés pour un temps à quelques individus.

Les priviléges s'étendoient aux affaires et aux entreprises commerciales : on ne parlera ici que de ces dernières. Il a existé des compagnies privilégiées pour le commerce de l'Inde, pour celui de l'Afrique, pour celui du Canada, de la Louisiane et des Iles ; et, dans l'intérieur, des compagnies de commerce et des banques privilégiées, sous diverses dénominations. On prétendit dans les premiers temps, et on a souvent répété depuis, que le commerce des Indes et des pays éloignés ne pouvoit être exploité avec avantage que par des compagnies privilégiées ; et cependant de toutes les compagnies des Indes qui ont été créées en France aucune n'a réussi. Toutes ont été promptement ruinées, et ont fait perdre à leurs actionnaires la plus forte partie des capitaux qui leur avoient été confiés. Les autres compagnies d'Afrique et des Indes occidentales n'ont pas eu plus de succès. Elles n'ont eu d'autre résultat que de retarder les progrès de la culture, qui n'a prospéré à Saint-Domingue et dans les autres îles que lorsque le commerce y a été libre.

Les administrateurs et les employés des compagnies s'occupant bien plus de leurs intérêts particuliers que de l'intérêt général, font ordinairement très-bien leurs affaires et très-mal celles de leurs commettans. Cette cause suffiroit seule pour les ruiner toutes.

Des individus obtinrent aussi des priviléges en différens temps. Lorsque M. van Robais établit une manufacture de draps à Abbeville, il obtint, entre autres priviléges, qu'il ne pourroit être établi aucune fabrique de draps à trente lieues aux environs. D'autres manufacturiers ont obtenu de semblables priviléges.

On ne peut pas assimiler ces priviléges aux brevets d'invention qui sont accordés depuis la révolution aux auteurs d'inventions nouvelles, ou à ceux qui les introduisent des pays étrangers en France. Ils ne doivent être accordés que pour des inventions et des industries qui y sont inconnues; cependant ils ne sont pas exempts d'inconvéniens. Ils donnent lieu à des procès fréquens, et ils sont accordés trop légèrement.

Il seroit à désirer qu'avant de les délivrer on fit examiner par des commisaires, 1°. s'il n'existe pas déjà en France des branches d'industrie semblables, ou très-analogues à celle pour laquelle le brevet est demandé; 2°. si cette invention ou méthode nouvelle est réellement utile et assez importante pour mériter un brevet; 3°. si, dans le cas où la découverte seroit d'une importance constatée, il ne conviendroit pas d'en faire l'acquisition aux frais du gouvernement, pour la communiquer au public.

Lorsque les priviléges sont accordés pour des entreprises particulières, comme autrefois celles des voitures publiques, des coches d'eau, et aujourd'hui celle des pompes funèbres, les services des entrepreneurs se ressentent bientôt du monopole. Le public est presque toujours mal servi. Les prix, soit qu'ils aient été réglés d'avance par le gouvernement, soit qu'ils soient fixés par les entrepreneurs , sont ordinairement excessifs dans le premier cas, parce qu'ils ont des pots-de-vin ou des pensions à payer, des charges et des obligations à remplir; dans le second, parce qu'ayant un privilége exclusif, ils n'ont pas de concurrens à craindre.

Avant la révolution, les messageries étoient exploitées par des fermiers privilégiés ; il n'y avoit de voitures publiques que pour les grandes villes du royaume : lourdes, incommodes, malpropres, elles ne parcouroient chaque jour qu'une distance de douze à quinze lieues au plus.

Lorsque M. Turgot établit, en 1774, des diligences en poste, cet établissement fut dirigé avec plus d'intelligence pour la célérité, la modération des frais de route et la commodité du public; mais, suivant l'ancien usage, elles furent affermées par un bail privilégié. Le prix n'en étoit que d'un million, et cependant les fermiers qui se sont succédé n'ont pas pu remplir leurs engagemens, et plusieurs ont demandé à compter de clerc à maître pour obtenir des remises.

Le privilége exclusif des diligences eut, en 1789, le sort de tous les autres: il fut supprimé et il y eut liberté entière d'établir des diligences ou autres voitures publiques pour toutes les parties de la France. Les premières entreprises furent commencées au milieu des orages de la révolution, elles furent continuées avec succès sous le Directoire et sous le Consulat. Le gouvernement impérial les assujétit à un impôt, qui fut fixé au dixième du prix des places et des paquets; ce droit subsiste encore, et son produit est d'environ deux millions.

Il est assez curieux de comparer ici les effets

des priviléges et des monopoles avec ceux de la libre concurrence.

Pendant la durée du monopole exclusif des messageries, le prix du bail, qui n'étoit que d'un million, a rarement été touché en entier par le gouvernement ; aujourd'hui, l'impôt du dixième rapporte deux millions, et il est exactement payé. Il est remarquable que, malgré cet impôt, quoique toutes les denrées, tous les fourrages, les fers, les bois, les cuirs, aient doublé de prix depuis 1774, le prix des places est moindre qu'il ne l'étoit alors : les voitures sont plus propres et plus commodes, elles vont plus vite, et le public est en tout point bien mieux servi. Cependant, malgré toutes les charges dont les entrepreneurs sont grevés, ils font évidemment de bonnes affaires, puisqu'il est peu de grandes villes pour lesquelles il ne se soit formé plusieurs établissemens du même genre.

On peut faire la même remarque pour les voitures de Versailles, exploitées aussi autrefois par une compagnie privilégiée, qui avoit fixé le prix des places à 4 fr. par personne : maintenant on peut faire le voyage pour trente sous, et souvent pour un moindre prix.

Les résultats de cette libre concurrence sont notoires, on en jouit et on n'y fait pas d'attention.

Les diligences et les voitures publiques sont d'une grande utilité ; elles sont pour le commerce ce que sont les mécaniques et la division du tra-

vail pour les fabriques; elles rendent la circulation des hommes, des monnoies et des matières
d'or et d'argent, des denrées et marchandises précieuses infiniment plus rapide. En rapprochant
les produits des consommateurs, elles hâtent leurs
jouissances; en rendant la consommation plus
prompte, elles accélèrent la rentrée des capitaux
et la reproduction. Leurs services, trop peu appré-
ciés, méritent les plus grands encouragemens, qui
leur sont d'autant plus nécessaires, que, quoiqu'elles soient très-supérieures à ce qu'elles
étoient autrefois, elles sont encore loin du point
de perfection où elles sont parvenues en Angleterre. Elles ont droit, avant tout, de réclamer la
justice de l'administration , pour être délivrées
d'une taxe aussi oppressive que déraisonnable,
qui leur a été imposée, celle de payer aux maîtres de poste une indemnité pour les chevaux
dont les entrepreneurs des diligences ne se servent pas.

S'il est dû des indemnités à certains maîtres de
poste, ceux qui exploitent les routes de première
classe et même plusieurs routes de seconde classe,
dont les profits sont suffisans pour couvrir tous
les frais, n'y ont aucun droit; elles ne seroient
dues qu'à ceux qui exploitent les routes peu fré-
quentées de seconde et troisième classes, et il est
injuste de les faire payer par les entrepreneurs
des diligences: c'est une dépense publique qui,

comme toutes les autres, doit être supportée par tous les contribuables.

Les diligences sont principalement à l'usage des classes les moins aisées de la société, et il seroit bien étrange qu'elles fussent chargées d'indemniser les maîtres de poste, dont les chevaux ne sont employés que pour le gouvernement, ou pour les grands seigneurs, les généraux, et les plus riches particuliers de l'état. Il suffira sans doute de signaler cet abus, si décourageant pour des établissemens infiniment utiles, pour qu'il soit promptement réformé.

L'entreprise privilégiée des inhumations et des convois funèbres peut donner lieu à des observations semblables : ce monopole a excité des plaintes et des réclamations très-fondées. Ce mode d'inhumation n'est pas nouveau, il nous a été apporté d'Angleterre, où il est pratiqué depuis long-temps: la pompe en est décente et préférable à celle qui étoit en usage auparavant, mais les frais en sont excessifs. Il est raisonnable que la forme des cérémonies soit réglée par l'autorité, et qu'elles soient graduées de manière que les frais puissent être payés par les diverses classes de la société, sans être une charge trop onéreuse ; mais la fixation des prix ne devroit pas être de son ressort. Si, à l'expiration du bail actuel, l'entreprise des inhumations étoit libre sous la seule condition imposée aux concurrens qui se présen-

teroient de s'assujétir à une pompe et à des cérémonies uniformes, on verroit bientôt se former
plusieurs établissemens, et les prix actuels diminuer dans une forte proportion.

Si on veut considérer les effets des priviléges et
des monopoles sur une échelle plus étendue,
qu'on jette les yeux sur le monopole du tabac. Le
gouvernement impérial s'est emparé de toutes les fabriques, dont il s'est attribué l'exploitation exclusive sans en avoir indemnisé les propriétaires,
et après avoir obligé les cultivateurs, les fabricans et les détaillans à lui vendre leurs tabacs
bruts ou fabriqués aux prix qu'il a voulu fixer.
Pour maintenir le monopole, il a fallu interdire
la culture du tabac à la plus grande partie
des départemens, et assujétir ceux à qui elle a
été permise à des entraves, à des visites domiciliaires et à des formalités gênantes, qui les exposent à des saisies, à des procès et à des amendes.

Tels sont les effets des priviléges et des monopoles (1). Ils doivent convaincre les lecteurs
que la concurrence illimitée pour toutes les entreprises et pour toutes les branches de com-

---

(1) Il y a cependant quelques entreprises en petit
nombre, qui, pour la sûreté et l'utilité publiques, doivent
être exploitées par le gouvernement, telles que celle de la
poste aux lettres, les fabriques des poudres et salpêtres, et
la fabrication des monnoies.

merce, est la seule mesure qui convienne aux intérêts bien entendus de l'état et des particuliers.

Cette vérité a été trop long-temps méconnue : elle s'applique aux jurandes et aux maîtrises, qui étoient aussi des monopoles, puisqu'elles tendoient à restreindre le nombre des vendeurs.

CHAPITRE V.

Des Jurandes et des maîtrises, des Cautionnemens des bouchers, etc.

—

On a vu plus haut que l'abolition des maîtrises et des apprentissages avoit concouru, avec la rivalité des manufactures belges et liégeoises, et avec les progrès de l'agriculture et l'aisance des campagnes, à la prospérité rapide de nos manufactures et à la perfection de toutes les industries. Ces causes réunies n'ont pas eu des effets moins heureux sur toutes les branches de commerce, au profit des consommateurs, en multipliant le nombre des marchands, qui leur offroient des assortimens plus complets et mieux choisis dans tous les quartiers de Paris et des grandes villes, et leur assuroient toutes les chances possibles d'acheter à bas prix.

Les commerçans se sont efforcés, dans tous les

temps, même les plus reculés de la monarchie, de restreindre le nombre de leurs concurrens, et de solliciter des priviléges, des franchises et des monopoles, pour augmenter leurs profits aux dépens des consommateurs. Leurs sollicitations, appuyées par des offres d'argent, furent presque toujours accueillies favorablement par les ministres de nos rois, dont les besoins se renouveloient sans cesse, et dont les finances furent rarement bien administrées.

La création des jurandes et des maîtrises remonte à des temps très-anciens, même avant Saint Louis.

Le nombre des marchands et des artisans dans chaque branche de fabrique et de commerce fut d'abord limité; les besoins de l'état, qui se renouveloient à chaque règne, et l'accroissement de la population dans les villes, déterminoient les princes à se relâcher des premiers statuts et à vendre de nouvelles maîtrises. Mais, lors même qu'elles eussent été illimitées pour le nombre, il est sensible que tous ceux qui n'avoient pas l'argent nécessaire pour les acheter en étoient exclus, et condamnés, pour le reste de leur vie, à être subordonnés, et simples ouvriers dans une profession où leurs talens auroient pu être utiles, si leurs facultés leur avoient permis de devenir maîtres.

Le bien public fut le prétexte de l'établissement et de la conservation des maîtrises pendant sept à huit siècles : le motif réel fut la finance qui en revenoit au trésor public.

Loin d'être utiles aux consommateurs, elles leur étoient au contraire très-préjudiciables; en limitant le nombre des vendeurs, elle diminuoit l'émulation, qui, seule, dans tous les temps, a produit le bas prix et la perfection des produits de l'industrie. Elles étoient nuisibles au gouvernement lui-même, qui, étant le plus gros de tous les consommateurs, achetoit plus cher toutes les denrées et toutes les marchandises dont il avoit besoin. La somme qu'il recevoit pour la finance des maîtrises étoit compensée, et bien au-delà, par la surcharge des prix et la qualité inférieure des marchandises qui lui étoient vendues pour ses consommations.

A mesure que la population, l'aisance, l'industrie et les dépenses augmentèrent, les inconvéniens des corporations de marchands et d'artisans devinrent plus sensibles; la ligne de démarcation entre les différentes professions de commerce fut presque impossible à maintenir. Suivant les statuts, un marchand de comestibles ne pouvoit vendre ni vin ni liqueurs; un épicier ne pouvoit pas vendre de la chandelle; un marchand de draps ne pouvoit vendre ni mercerie ni toile. Les mêmes interdictions avoient lieu pour tous les commerces; ce qui donnoit lieu à des délations et à des saisies réciproques par les syndics, chez les maîtres des corporations rivales. De là des inimitiés, des rixes, et des procès scandaleux, coûteux et interminables, qui ruinoient les marchands, et ne servoient qu'à enrichir les gens de justice.

Des règles minutieuses, dignes des temps barbares où elles avoient été établies, gênoient et entravoient les maîtres eux-mêmes, telles que celle qui fixoit le nombre de leurs apprentis et les années nécessaires pour l'apprentissage : comme s'il falloit de longues études pour apprendre à vendre du pain, du drap, de la chandelle, et à faire des souliers et des habillemens.

Ces institutions gothiques furent abolies au commencement du règne de Louis XVI, mais bientôt après elles furent rétablies. Lors de la révolution, elles ont été supprimées comme tous les autres priviléges. Cette suppression, et la liberté de se livrer à tous les genres d'industrie, ont été les principaux leviers du rétablissement de nos manufactures. C'est à l'aide de cette liberté qu'elles ont pu résister à toutes les secousses de la révolution, et rivaliser avec les fabriques étrangères, et même avec celles de l'Angleterre. Après une expérience de plus de vingt-cinq ans, serions-nous assez aveugles pour méconnoître les causes d'un succès si étonnant? Serions-nous assez insensés pour renoncer à cette concurrence illimitée dans toutes

les professions, dont les effets ont été si extraordinaires et si heureux ? Espérons que nos législateurs repousseront toujours avec indigna·ion
toutes les sollicitations qui pourroient leur être
faites pour le rétablissement de ces vieilles et barbares institutions de maîtrises et de jurandes.

Les maîtrises produisoient annuellement deux
millions au plus au gouvernement ; elles lui
étoient ainsi bien moins avantageuses que l'impôt
des patentes, qui lui en produit quinze à dix-huit,
et qui, mieux combiné, est moins onéreux au
commerce, et n'est pas préjudiciable au consommateur, parce qu'il laisse subsister la concurrence
illimitée.

Les familles des classes inférieures de la société,
surtout parmi les artisans et les petits fabricans,
sont généralement plus nombreuses que celles des
hautes classes. Dans celles-ci, les grâces de la
cour, des emplois lucratifs, des mariages avantageux, réparent les brèches que la prodigalité, le
luxe et la mauvaise administration auroient faites
à leur fortune. Il n'en est pas ainsi pour les familles laborieuses. Les pertes fréquentes auxquelles elles sont exposées par les banqueroutes,
la variation des modes, et plusieurs autres accidens, contribuent à restreindre leurs facultés, et
rendent même les petites fortunes très-rares, surtout parmi les artisans. Le nombre des enfans y
étant plus considérable, et les successions plus

subdivisées, la part de chacun est nécessairement très-modique. Aussi, sur dix cultivateurs, manufacturiers, commerçans ou artisans qui s'établissent, à peine en voit-on un seul qui ait le capital nécessaire à son entreprise. Ils végètent presque tous pendant plusieurs années, luttant contre les embarras, la gêne et les difficultés de leur position : il seroit aussi barbare qu'impolitique de leur enlever la plus petite partie du foible capital qu'ils destinent à leur établissement, et dont la privation leur feroit un tort irréparable. C'est ce qui arrivoit autrefois par l'obligation qui leur étoit imposée de payer une maîtrise avant d'ouvrir leurs ateliers ou leur boutique. Qu'ils fussent riches, malaisés, ou pauvres, le prix de cette maîtrise étoit le même. Il n'en est pas de même des patentes. Elles sont graduées principalement sur le montant des loyers des magasins, boutiques et ateliers; elles sont aussi bien plus modérées pour les petits marchands et artisans : d'ailleurs elles se payent par portion, chaque mois ou chaque trimestre, sur les bénéfices des ventes faites. Ces sages dispositions ne repoussent aucun talent. Les hommes doués d'intelligence et de capacité, dont la fortune seroit la plus bornée, peuvent aspirer à devenir maîtres, entrepreneurs ou commerçans : la concurrence est ainsi sans limite, et on vient de voir les conséquences de cette émulation générale.

Cependant le ministère a déjà essayé de détruire cette concurrence salutaire à Paris et dans les grandes villes de départemens, pour les boulangers et même pour les bouchers, non en rétablissant les maîtrises, mais en imposant à ces deux professions, pour lesquelles la concurrence seroit le plus nécessaire, des charges et des obligations dont les consommateurs sont victimes. Il a ordonné que les boulangers seroient tenus de faire un dépôt de quinze à vingt sacs de farine, ou, à défaut, de quitter leur état. Ce règlement étoit parfaitement inutile dans l'intérêt des consommateurs, car il n'y a pas de boulanger qui ne sache que plus la farine est ancienne, et plus elle rend de pain : il est donc intéressé à en avoir toujours une forte provision. Cette mesure n'a eu d'autre effet que de forcer ceux des boulangers qui n'avoient pas un capital suffisant pour acheter quinze ou vingt sacs de farine, à renoncer à leur profession, et d'en écarter pour l'avenir tous ceux qui n'auroient pas ce capital. Aussi, depuis ce règlement, le nombre des boulangers à Paris et dans toutes les villes qui y ont été assujéties, a sensiblement diminué. La profession est devenue si lucrative à Paris, qu'un fonds de boulangerie se vend de 12 à 15,000 francs. Ce dépôt de quinze sacs, s'il est fait exactement par les trois cents boulangers de Paris, n'ajoute que quatre mille cinq cents sacs à son approvisionnement ; il s'en

consomme quinze cents sacs par jour : c'est donc
un approvisionnement de trois jours, qui, sans le
règlement, seroit tout aussi considérable, parce
qu'il y auroit un plus grand nombre de boulangers, et que tous, pour augmenter leurs profits,
sont intéressés à avoir des provisions de farine.

Ces dépôts ne sont au reste que des déplacemens, ils n'augmentent pas la quantité des blés
récoltés. On l'a déjà remarqué, c'est dans les
granges et dans les greniers des fermiers qu'on
trouvera toujours abondamment les approvisionnemens nécessaires à la consommation de la capitale.

Les mêmes réflexions s'appliquent aux bouchers
de Paris, auxquels le gouvernement a enjoint de
fournir un cautionnement de 3,000 francs, et
d'acheter tous les étaux vacans, jusqu'à ce qu'ils
fussent réduits au nombre de trois cents. Nul
doute que les bouchers riches n'aient applaudi à
cette mesure, qu'ils avoient peut-être sollicitée.
Lorsque le fisc voudra vendre des priviléges ou
des monopoles, il ne manquera jamais d'acheteurs.
La réduction des bouchers et le cautionnement
exigé d'eux avoient pour but de préserver la caisse
de Poissy, qui fut rétablie dans le même temps, des
pertes qu'elle pourroit supporter avec les petits
bouchers, toujours les moins solvables.

Ces deux dispositions fiscales sont diamétralement opposées à l'intérêt des consommateurs. Le

droit à payer à la caisse de Poissy est un impôt déguisé, qui retombe sur les habitans de Paris. Ce nouveau droit, le cautionnement demandé aux bouchers et leur réduction, semblent les autoriser à augmenter arbitrairement leurs profits.

La caisse de Poissy, dont l'établissement remonte à des temps antérieurs à la révolution, est une des nombreuses inventions fiscales employées par les gouvernemens pour s'approprier, sous diverses formes déguisées, une grande portion du revenu de leurs sujets.

Depuis sa suppression en 1789, les transactions entre les marchands de bœufs et les bouchers se faisoient, à leur satisfaction mutuelle, sans l'intervention de cette caisse, dont ils n'ont aucun besoin. Les bouchers des environs de la capitale, à quinze lieues à la ronde, tous moins habitués aux affaires et moins solvables, s'en passent très-bien, et ils font leurs achats dans les mêmes marchés sans aucun inconvénient.

Depuis ces règlemens, les prix du pain et de la viande ont été constamment maintenus à un taux supérieur à celui qu'ils auroient dû avoir, proportionnellement au prix du blé et des animaux sur pied. Cet effet ne cessera que lorsque les causes ne subsisteront plus, et que la concurrence pour ces deux professions sera illimitée, et sans aucune autre condition onéreuse que celle de payer une patente.

Il seroit même à désirer que, pour augmenter
cette concurrence, et sous la même condition de
justifier du paiement d'une patente, les boulangers et les bouchers des environs fussent autorisés
à venir vendre à Paris leur pain et leur viande,
dans les places et les lieux publics qui leur seroient
indiqués, non-seulement les jours de marché,
mais encore tous les autres jours de la semaine.

Ces mesures du gouvernement pour réduire le
nombre des bouchers et des boulangers ont
trouvé des approbateurs parmi les marchands
d'étoffes, qui en ont sollicité de semblables par
des pétitions présentées en 1814 aux deux chambres, par lesquelles elles demandoient en outre
l'interdiction des colporteurs et des petits marchands qui étalent leurs marchandises sur les
places et sur les boulevards.

Ces pétitions sont dictées dans le même esprit
qui animoit les marchands dans les siècles anciens d'ignorance et de barbarie. Elles ont toutes
le même but, celui de restreindre le nombre des
concurrens. Le pouvoir législatif parut alors très-
éloigné d'adopter ces idées injustes et rétrécies.
Il comprenoit que le premier de tous les intérêts
est celui des consommateurs, pour qui toutes les
industries sont instituées. Les petits marchands
sont d'une grande utilité, surtout aux consommateurs des classes inférieures, en ce qu'ils leur
offrent des assortimens de marchandises plus

grossières et moins chères, et qu'ils se contentent de profits plus modiques que les gros commerçans, qui, par cette raison, sont forcés de modérer leurs prétentions. Ceux qui colportent leurs marchandises dans les foires et marchés rendent un service réel aux cultivateurs, à qui ils évitent des déplacemens, des frais de route et une perte de temps qui leur est toujours préjudiciable. Les petits marchands doivent donc être protégés et encouragés. Si les gros fermiers s'avisoient de demander qu'il fût interdit aux petits cultivateurs d'apporter leurs grains aux marchés, l'opinion publique auroit bientôt fait raison d'une pétition aussi absurde : celle des gros commerçans de Paris n'est pas plus raisonnable.

Le commerce des petits marchands, quoique très-utile dans ses effets, n'est et ne sera jamais d'aucune importance, comparativement à celui qui se fait dans les boutiques et dans les magasins, dont il n'est pas la centième partie.

Ce petit commerce a rarement enrichi ceux qui le font, car ils se contentent de profits très-modiques, et leurs frais sont énormes. Aussi lorsqu'un petit marchand a fait des bénéfices suffisans, il s'empresse de renoncer au métier de colporteur pour louer une boutique et y continuer son commerce.

Si on pouvoit douter des avantages de la con-

currence illimitée, il suffiroit de considérer avec
quelque attention ce qui se passe journellement à
Paris sous nos yeux, pour le commerce des légumes et des fruits. Il n'y a pas de profession
plus pénible que celle des maraîchers et des jar-
diniers qui cultivent les légumes et les arbres à
fruits dans les environs de la capitale. On ne
s'est heureusement jamais avisé de les classer en
maîtrises et jurandes, ou d'en limiter le nombre.
Cependant, malgré le travail continuel, les soins
et les fatigues que ce métier exige, malgré les
loyers et les frais dont il est surchargé, le nombre
de ces hommes actifs, si admirables pour leur
patience et pour leur industrie, s'est tellement
accru, leurs produits sont si considérables, qu'il
n'est pas de pays en France où les légumes et les
fruits soient aussi abondans, aussi beaux et à
aussi bon marché qu'à Paris.

La concurrence illimitée, en multipliant les
agens de la production, favorise à la fois les
progrès de l'agriculture et de l'industrie, et la
population. De nouvelles familles s'élèvent; elles
ajoutent leur contingent à la masse générale des
productions. La rivalité augmente l'émulation,
éveille l'intelligence, et force les concurrens à
inventer de nouveaux procédés, des méthodes
plus expéditives, pour se surpasser mutuellement. Les consommations s'accroissent, les jouis-

sances se multiplient : agriculteurs, manufacturiers, commerçans, consommateurs, tous participent à cet accroissement de prospérité.

L'aisance et le travail ont toujours encouragé la population. C'est dans les classes laborieuses seulement que l'espèce humaine se multiplie. Le trop plein qui en sort remplit les cadres de l'armée, de la marine et des administrations. Ce sont les hommes distingués par leurs lumières et par leurs talens civils et militaires qu'elles ont produits, qui ont servi à recruter les classes supérieures, dont les générations s'éteignent si rapidement par la mollesse et par les jouissances du luxe.

Mais, disent les marchands et les fabricans, si vous ouvrez la porte à tout le monde pour s'établir dans les diverses professions, bientôt il y aura trop de commerçans dans tous les genres.

Leurs frayeurs sont imaginaires et sans fondement. Il n'est pas douteux que dans un pays sagement gouverné, la population n'ait une tendance continuelle à s'accroître ; mais cet accroissement de population est toujours suivi d'une augmentation de produits. La population, les productions, le commerce et les consommations marchent ensemble. Si toutes ces choses augmentent à la fois, il faut plus d'agens et plus de bras pour cultiver, pour fabriquer et pour vendre. Les professions se concentrent ordinairement dans les familles : les fils succèdent à leurs pères, et exercent les mêmes métiers lorsqu'ils leur présentent à tous des moyens suffisans d'existence. Mais lorsque les familles sont trop nombreuses, plusieurs des enfans quittent la maison paternelle, et renoncent à l'état de leurs pères pour embrasser dans les villes ou à l'armée des professions civiles ou militaires. Chacun se place et se case naturellement et sans contrainte, suivant sa capacité, son intelligence et ses goûts. Si les concurrens se pressent pour entrer dans une profession plus lucrative, bientôt les bénéfices et les avantages diminuent, la foule se retire pour chercher une autre carrière. Toutes les places, tous les états, tous les emplois sont occupés, comme le sont les cellules d'une ruche d'abeilles, sans que l'intervention du gouvernement soit plus nécessaire pour les hommes que pour les mouches à miel.

Il est temps de conclure que la concurrence illimitée dans tous les états voués à l'industrie, dans toutes les professions commerciales, est la seule mesure raisonnable, la seule qui, en excitant une émulation sans bornes, peut procurer aux consommateurs les produits les meilleurs et les marchandises les plus parfaites, en abondance et au plus bas prix possible.

CHAPITRE VI.

De la Taxe du pain, de la viande ou autres marchandises.

—

Il est assez probable que l'avidité des marchands réunis en corporations privilégiées donna lieu à l'idée de taxer le prix de certaines marchandises, et surtout des comestibles.

On a taxé à Paris et dans toutes les villes de France, jusqu'à la révolution, le prix du pain, de la viande, du bois, du charbon. Cet usage subsiste encore dans quelques villes. Les habitans et leurs magistrats, élevés dans les mêmes préjugés, en avoient contracté l'habitude, qu'ils ont conservée.

Les taxes n'ont jamais produit l'effet qu'on en attendoit, parce que les hommes font toujours mal, ou moins bien, ce qu'ils font par force. J'espère que les réflexions suivantes prouveront au lecteur que les taxes sont, ou inutiles, ou nuisibles, et toujours injustes.

1º. Elles n'ont aucune base fixe, et ainsi elles sont inutiles. Il n'y a pas un homme, pour peu qu'il soit instruit du commerce des grains, des farines, de la viande, du bois et du charbon, qui ne sache qu'il y a toujours sur les marchés trois ou quatre sortes ou qualités de grains, de farines, de bœufs, de vaches, de veaux, de moutons, etc., que les mêmes différences de qualités existent pour les bois et les charbons.

Par quels moyens de surveillance pourra-t-on empêcher les boulangers d'employer des farines de troisième et de quatrième classes, au lieu de celles de première et de seconde? de mélanger ces diverses qualités, de manière que la quantité des farines inférieures surpasse celle des meilleures, d'y introduire de la farine de maïs, de pommes de terre, de haricots; de manipuler leur pain de sorte qu'il y entre une plus grande quantité d'eau, et, dans les temps de disette, des matières étrangères?

Des variations plus grandes encore dans les espèces, dans les qualités et dans la valeur réelle des animaux conduits à la boucherie, assurent aux bouchers une latitude immense pour éluder les taxes, ou les faire tourner à leur profit. Des vaches, des veaux et des moutons maigres se vendent souvent sur pied moitié moins que s'ils étoient gras. Les taxateurs, en supposant qu'ils soient connoisseurs, s'assujétiront-ils à aller visiter, l'un après l'autre, dans une ville comme Paris, Lyon, Rouen, et même dans les plus petites, tous les animaux qui seront tués par les bouchers? Non : pas un seul n'en prendra la peine : les taxes sont donc absurdes et inutiles. Faites au hasard, sans aucune règle fixe, elles seront, comme elles l'ont toujours été, arbitraires, et le plus souvent à l'avantage des vendeurs, qui connoissent parfaitement les moyens de se concilier la bienveillance des taxateurs.

2°. Les taxes sont nuisibles, car elles semblent inviter les boulangers à se servir de farines de qualités médiocres, les bouchers à préférer les espèces inférieures d'animaux, à employer enfin divers genres de fraudes pour augmenter leurs profits aux dépens des consommateurs. La taxe des bois n'a pas peu contribué à faire inventer ces ruses, usitées encore aujourd'hui pour le cordage dans les chantiers. On peut leur attribuer cette tendance répréhensible de quelques marchands de comestibles à vendre à faux poids; délit commun, très-difficile à réprimer.

3°. Les taxes sont injustes, en ce qu'elles ne frappent que sur certaines marchandises. Un petit nombre de professions y sont assujéties; toutes les autres en sont exemptes. Les boulangers, les bouchers, et les autres commerçans dont les marchandises étoient autrefois taxées, n'auroient-ils pas eu le droit de réclamer la même justice contre les épiciers, les drapiers, les chapeliers, les marchands de vin, etc.? Pour rendre une justice égale à tous, il falloit, puisqu'on regardoit le mode des taxes comme équitable, taxer toutes les marchandises : il eût été plus sage de n'en taxer aucune.

On ne peut s'empêcher d'admettre l'une des conséquences suivantes : ou bien la taxe est nuisible au consommateur, et dans ce cas il eût été plus raisonnable de ne pas la faire ; ou bien elle lui est favorable : mais dans ce cas elle décourage les vendeurs ; elle les force, ou à quitter leur profession, ou à recourir à la fraude et à des manœuvres coupables, pour se dédommager de la perte que la taxe leur fait essuyer. Dans les deux cas, elle est évidemment préjudiciable aux intérêts des consommateurs.

La Convention nationale, lorsque les assignats étoient déjà très-discrédités, après avoir épuisé pour les relever tous les moyens de terreur qui lui étoient familiers, s'avisa, pour en retarder la chute, de faire taxer toutes les marchandises : du moins fut-elle conséquente et sans partialité dans son injustice. Elle ordonna qu'elles fussent toutes taxées sans exception. Le bouleversement, les secousses et les brigandages que cette loi insensée occasionna dans les manufactures et le commerce, en arrêtèrent l'exécution. Elle ne fit que précipiter la chute des assignats ; car bientôt les Français eurent honte de profiter d'une loi aussi atroce, qui tomba d'elle-même avec les assignats et les mandats.

Il est rigoureusement vrai que les taxes du

pain, de la viande, etc., ont, à plusieurs égards, les mêmes vices et les mêmes caractères d'injustice que la loi du maximum, faite par la Convention.

En promenant sa pensée sur un sujet de même nature, quoique moins important, peut-on se dissimuler que la taxe des carrosses et des cabriolets de place à Paris et dans plusieurs autres villes ne soit aussi une injustice? N'est-ce pas la loi du plus fort imposée au plus foible? Seroit-ce un bien grand mal, si les cochers de place demandoient un salaire plus fort les jours de pluie ou de cérémonies extraordinaires, les dimanches, ou le soir à la sortie des spectacles?

Si le métier devenoit plus lucratif, la concurrence augmenteroit; les entrepreneurs se piqueroient d'émulation; les carrosses et les cochers seroient plus propres; les chevaux seroient meilleurs, mieux nourris, mieux soignés; le public paieroit quelquefois plus cher, mais il seroit mieux servi dans tous les temps.

Toute taxe est donc injuste. Nous sommes assez avancés en civilisation pour y renoncer et pour adopter une règle plus sûre, plus équitable, et dont le succès sera toujours infaillible, celle de multiplier les vendeurs et les entrepreneurs, en ne restreignant leur nombre par aucune entrave, et en leur laissant toute liberté de fixer de gré à gré les prix de leurs marchandises et de leurs services.

CHAPITRE VII.

Des Lois injustes et des actes arbitraires.

—

On vient de voir combien, dans les temps antérieurs à la révolution, les monopoles, les jurandes et la taxe de certaines marchandises avoient été nuisibles aux progrès de l'industrie et à l'intérêt public. Mais les commerçans avoient encore à souffrir de plusieurs autres lois injustes, impolitiques, ou partiales, qui entravoient leurs spéculations, et dont le résultat étoit de leur enlever non-seulement leurs bénéfices, mais encore leurs capitaux.

On peut comprendre au nombre de ces lois désastreuses celle qui autorisoit les grands seigneurs et les hommes en place à obtenir des lettres de surséance contre leurs créanciers, et à se dispenser ainsi de payer leurs dettes;

Celles qui suspendoient le paiement des capitaux, des obligations et des fournitures dues par l'état, qui retardoient le paiement des rentes, ou en ordonnoient la réduction ;

Celles qui entravoient les communications de province à province, et même la circulation des grains ;

Celles qui grevoient de droits les matières premières tirées de l'étranger, ou provenant du sol de la France ;

Celles qui prohiboient la sortie du numéraire;

Celles qui imposoient des droits plus ou moins onéreux à la sortie des produits de l'industrie agricole et manufacturière.

On doit y ajouter tous les actes arbitraires, les lettres de cachet, les exils, les emprisonnemens illégaux, les enregistremens forcés dans les parlemens, les lits de justice, etc. Tous ces actes répandoient l'alarme et les inquiétudes dans tous les esprits, suspendoient les consommations, arrêtoient les affaires et les paiemens , condamnoient le commerce à une longue inaction , et l'exposoient à des faillites ruineuses.

On peut y comprendre encore les variations fréquentes, presqu'à chaque changement de ministère (1), des lois et des mesures du gouvernement. On a vu sous le ministère de M. Turgot la suppression des maîtrises et des corvées, et,

______

(1) On s'est plaint justement des fréquens changemens de ministres qui avoient lieu sous Louis XV et même sous Louis XVI, le plus souvent à la sollicitation et par les intrigues des courtisans et des femmes qui dominoient à la cour : il s'ensuivoit qu'il n'y avoit point d'ensemble dans le ministère, ni de stabilité dans les lois et dans les mesures administratives. Chaque ministre, étant absolu dans son département, changeoit arbitrairement, suivant ses inté-

après son renvoi, leur rétablissement immédiat par son successeur.

Toutes ces mesures, toutes ces lois irréfléchies et mal combinées, s'écartoient des principes de liberté, de justice et de fixité, qui doivent être la règle des lois commerciales.

Mais tous les gouvernemens qui se sont succédé depuis la révolution, se sont bien autrement éloignés de ces principes. Les lois commerciales n'ont plus été que des brigandages ou des mesures dictées par la haine contre les Anglais, ou par la colère. Dans l'intérieur, des réquisitions, le maximum, un papier-monnoie sans valeur, des droits excessifs sur les matières premières ou autres denrées dont la France ne peut se passer, le brûlement des marchandises anglaises, un code de douanes barbare; à l'extérieur, la violation du droit des gens contre les neutres, la confiscation injuste de leurs navires et de leurs marchandises, le système continental, enfin les guerres et les expéditions lointaines, qui ont été autant de fléaux pour tous les commerces. Toutes ces lois décou-

---

rêts ou ceux de ses amis, ce qui avoit été fait par son prédécesseur.

Depuis 1774 jusqu'en 1787, en moins de treize ans, la France a eu dix contrôleurs généraux des finances, MM. Turgot, de Clugny, Taboureau, Necker, de Fleury, d'Ormesson, de Calonne, de Fourqueux, de Villedeuil, Lambert.

rageantes désoloient les classes laborieuses. Les guerres, les crises périodiques, les mesures fausses ou injustes des derniers gouvernemens, ne tendoient à rien moins qu'à ruiner toutes les industries en France.

CHAPITRE VIII.

Des altérations des monnoies d'or et d'argent, du papier-monnoie, et des billets de banque.

—

LES altérations des monnoies d'or et d'argent ont été très-communes autrefois en France. Lorsqu'on avoit amassé beaucoup d'argent dans le trésor public, et qu'on avoit des dettes à acquitter, ou de gros paiemens à faire, on ordonnoit à la hâte une refonte d'espèces, dans laquelle on faisoit entrer secrètement une forte quantité d'alliage : ou bien, ce qui étoit plus expéditif, on haussoit la valeur nominale des espèces, pour payer beaucoup de dettes avec le moins d'argent possible. On faisoit tout le contraire après l'établissement de nouveaux impôts : on baissoit le prix des monnoies, pour recevoir en poids et en valeurs réelles une somme plus considérable. Ces manœuvres honteuses violoient toutes les lois sociales; elles étoient des vols déguisés, faits au peuple par des infidélités inexcusables, et elles ont été justement réprouvées par tous les historiens. Leur succès même ne pouvoit être que momentané pour le gouvernement; car bientôt après cette monnoie altérée revenoit, pour sa valeur nominale, au trésor royal, qui n'auroit pu continuer à jouir de ces profits infâmes qu'en renouvelant l'opération en sens inverse toutes les fois qu'il auroit eu des sommes importantes à recevoir ou à payer. Comment les gouvernemens osoient-ils porter et faire exécuter des lois sévères contre les faux-monnoyeurs, lorsqu'ils se rendoient eux-mêmes coupables de ce crime? Les princes ont heureusement renoncé à ces ressources déshonorantes, dignes des temps barbares où elles furent employées.

Mais comment qualifier cette autre invention fiscale de papier-monnoie, deux fois adoptée en France dans l'espace d'un siècle, l'une en 1717 sous le régent, l'autre en 1790; monnoie fictive, avec laquelle, aux deux époques, lorsque la valeur en fut progressivement dépréciée, le gouvernement et les particuliers débiteurs ne payoient réellement à leurs créanciers que la moitié, le quart, le cinquième, et bientôt après le dixième, ou moins encore, de la somme qu'ils leur devoient? Ce brigandage légal a dépassé de bien loin toutes les fraudes commises par l'altération des monnoies; et il a produit, à ces deux époques, des secousses plus terribles encore pour les manufactures, pour le commerce et pour toutes les fortunes mobilières, que pour les propriétés foncières.

Tous les maux, tous les bouleversemens dont les assignats ont été la cause sont encore présens à notre mémoire, et doivent nous guérir de l'envie de jamais solliciter aucune émission de papier-monnoie.

Cette fatale expérience, qui deux fois nous a coûté si cher, auroit dû servir de leçon aux autres peuples; et cependant les plus grandes puissances de l'Europe, l'Autriche, la Russie, la Prusse, la Suède, le Danemarck, l'Angleterre même, ont adopté cette ressource dangereuse, dont les conséquences sont tout autrement funestes aux peuples que l'altération des monnoies. En effet, la hausse et la baisse du papier-monnoie sont si brusques et si imprévues, qu'elles déjouent toutes les combinaisons financières et toutes les spéculations du commerce. Elles changent toutes les stipulations, toutes les clauses, toutes les conditions des ventes, des marchés et des transactions à terme; elles compromettent toutes les fortunes; elles confondent toutes les notions du juste et de l'injuste; elles pervertissent la morale publique; elles anéantissent la probité et la bonne foi parmi les hommes, elles les réduisent tous à la nécessité de faire des dupes, pour ne pas l'être eux-mêmes. Le papier-monnoie a de plus le grave inconvénient d'être contrefait bien plus facilement que les espèces d'or et d'argent. Sa dépréciation a des effets très-fâcheux pour les rentiers, les employés, et pour tous ceux qui ont des revenus fixes et bornés ; pour les domestiques et les ouvriers, qu'elle réduit successivement à la gêne, à la détresse, et finalement à la plus affreuse misère.

Les gouvernemens et les maîtres consentent à la vérité quelquefois à augmenter les appointemens et les salaires, mais ce n'est jamais en proportion de la dépréciation du papier et de l'augmentation de toutes les choses nécessaires aux besoins de la vie.

La variation journalière du prix des denrées et des marchandises déconcerte les commerçans autant que les consommateurs. Elle dérange toutes les mesures ; elle décourage toutes les entreprises ; elle détruit tous les usages du commerce ; elle empêche les fournisseurs de faire au gouvernement et aux particuliers les crédits accoutumés, dont ils craignent d'être victimes.

Tels sont les effets du papier-monnoie. Il a procuré aux gouvernemens modernes des ressources bien plus importantes que celles que les princes avoient autrefois retirées de l'altération des espèces ; mais ces ressources sont trop chèrement payées quand elles sont achetées par la ruine du crédit, de la confiance et de la morale publique, et par des banqueroutes journalières, faites par les débiteurs à leurs créanciers.

Les gouvernemens modernes eux-mêmes ne tardent pas à éprouver de graves inconvéniens des émissions successives du papier-monnoie, dont la fabrication est si facile et si peu dispendieuse, et dont par cette raison ils abusent presque tous. La hausse des denrées et des marchandises, qui en est la suite nécessaire, augmente toutes leurs dépenses, rend les impôts insuffisans, et les force à demander sans cesse de nouveaux sacrifices aux peuples, dont ils provoquent le mécontentement et dont ils ébranlent la fidélité.

La tendance continuelle du papier-monnoie à la baisse rend les fournisseurs et tous les vendeurs plus réservés et plus exigeans pour les conditions des marchés qu'ils font avec le gouvernement. Ces conditions sont d'autant plus onéreuses à l'état, qu'elles doivent indemniser les vendeurs de tous les risques de pertes que la dépréciation pourroit leur occasionner.

Les dépenses croissant ainsi chaque jour, augmentent les embarras des gouvernemens, qui sont forcés à de nouvelles émissions, dont l'effet est une baisse encore plus rapide. Cette situation devenant toujours plus critique, ils sont finalement réduits à faire ouvertement banqueroute, et à convertir un papier décrié en un papier nouveau, d'une autre dénomination, après avoir fait subir aux porteurs une réduction de quatre ou cinq par an, comme le fit sans succès la Convention nationale, en convertissant les assignats en mandats, et comme l'a fait depuis plus heureusement le gouvernement autrichien, en changeant les billets de la banque de Vienne contre des billets d'amortissement.

Les divers papiers-monnoies qui circulent aujourd'hui en plusieurs pays de l'Europe tirent leur origine des billets payables à vue, émis par les banques qui y avoient été établies : toutes étoient des banques de circulation, jouissant d'un crédit plus ou moins solide. Leurs billets, toujours payables à vue, étoient reçus comme espèces dans le commerce ; on les recherchoit, parce qu'ils facilitoient les échanges et les transactions. Mais les banques et leurs billets offroient aussi un appât bien séduisant aux gouvernemens ; et jusqu'à présent on n'a pas vu de directeurs de banques avoir assez de courage et d'énergie pour résister à leurs sollicitations, et pour leur refuser les secours d'argent qu'ils demandoient.

Tant que les banques remboursent leurs billets à présentation, leur crédit se soutient, et ils font sans inconvénient la fonction d'espèces ; mais dès l'instant où le remboursement éprouve le plus léger retard, ils tombent en discrédit. Leur valeur n'est plus que nominale, et varie tous les jours, suivant l'opinion que le public peut avoir de la solvabilité de la banque, de la moralité et de la sagesse des directeurs. Si la pénurie des espèces éprouvée par la banque, et la cessation de ses paiemens proviennent de prêts faits au gouvernement, sa position est bien plus critique, et elle est ordinairement obligée de lui demander elle-même la conversion de ses billets en un papier-monnoie forcé, comme cela est arrivé à Paris à plusieurs caisses d'escompte, et à toutes les banques de Londres, de Vienne, de Russie, de Berlin, de Suède, de Danemarck, etc.

Les gouvernemens, trouvant cette ressource très-commode, s'emparent des banques, afin de faire à volonté toutes les émissions dont ils ont besoin. Mais ces émissions ont un terme, et il est vraisemblable que plusieurs de ces monnoies de papier forcé, après avoir froissé plus ou moins toutes les fortunes chez les divers peuples qui les emploient, auront le même sort que nos assignats.

On sait qu'outre les banques de circulation, il en existoit encore d'autres en Europe, que l'on appeloit banques de dépôt. La base de leur institution étoit très-différente, et leurs services étoient bien moins dangereux. Les plus anciennes et les plus célèbres avoient été établies à Hambourg et à Amsterdam. Leur institution eut lieu pour faciliter les échanges des étrangers qui affluoient dans ces villes, et qui y apportoient, de tous les pays du monde, des espèces dont le titre et la valeur étoient inconnues, ce qui occasionnoit de grandes difficultés pour les ventes, les achats et les paiemens. Afin d'y remédier, on imagina d'établir des banques, qui, après avoir constaté le titre des monnoies diverses, les recevoient pour leur valeur entière, et ouvroient, pour leur montant, aux propriétaires un crédit sur les livres de la banque. Ce crédit pouvoit être à chaque instant transporté d'un compte particulier sur un autre, soit en totalité, soit par portions déterminées. Ces transferts devinrent si commodes pour les commerçans, que l'argent de banque avoit acquis une valeur supérieure à la monnoie courante. Ces banques ne faisoient aucune émission de billets ; aussi leur crédit s'est soutenu très-long-temps sans altération.

Les établissemens de banque et de caisse d'escompte ont été faits en France, à l'imitation des banques anglaises. Lorsque la banque actuelle de France fut organisée, et qu'après la suppression de toutes les autres, elle eut obtenu un privilége, le ministère se persuada que cette banque pourroit un jour rivaliser avec celle d'Angleterre, et procurer au gouvernement d'aussi grandes ressources. On n'avoit pas réfléchi que la nature et l'étendue du commerce des deux villes, leur position et leur population, étoient entièrement différentes.

Paris a une population de cinq cent cinquante mille âmes; elle a un commerce de consommation très-considérable; elle a des manufactures de luxe florissantes, et un commerce d'entrepôt assez important : mais toutes ces branches de commerce réunies n'excèdent pas six cents millions; et les deux principales, celles de consommation et des fabriques de luxe, exigent beaucoup d'espèces monnoyées et très-peu de billets de banque. L'usage de ces derniers est en majeure partie réservé aux maisons de banque et aux caisses publiques.

La population de Londres est évaluée à huit cent mille âmes; ses consommations sont immenses et proportionnées à la richesse colossale de ses habitans. Elle a aussi des fabriques très-considérables. Ses brasseries seules sont un objet majeur. Son port, le premier de l'Europe et du monde, est toujours couvert de cinq ou six mille navires. Elle fait, elle seule, plus de la moitié du commerce d'importation et d'exportation des trois royaumes, et chacune de ces deux branches est évaluée, pour toute l'Angleterre, de huit à neuf cents millions. Enfin elle est l'entrepôt principal du commerce des deux Indes et des fabriques nationales.

Si les ministres eussent eu ce tableau de comparaison sous les yeux, ils auroient été bientôt désabusés de leurs vaines espérances.

Aujourd'hui que l'illusion est passée, on peut juger, par le mouvement des affaires des deux banques, de la différence commerciale qui existe entre les deux villes. L'émission des billets de la

banque de France a rarement excédé soixante
millions, tandis que l'émission des billets de
celle de Londres est de plus de trente millions
sterlings, ou environ sept cent vingt millions de
francs; ce qui n'empêche pas les banques de provinces de faire circuler en outre leurs billets au
porteur, pour les deux tiers ou les trois quarts
de la même somme.

Gardons-nous d'envier cette émission prodigieuse de billets. Leur circulation rapide et les
moyens faciles de dépenses qu'ils fournissent à
toutes les classes de consommateurs, contribuent
fortement à faire hausser en Angleterre le prix des
denrées, des salaires, et des marchandises qui
sortent de ses fabriques; et cette augmentation
est très-favorable au succès des nôtres.

Les affaires commerciales pour lesquelles on
emploie principalement les billets de banque en
Angleterre, sont celles du commerce extérieur,
qui se fait par grosses parties, en balles, caisses
ou tonneaux. Les paiemens s'en font en billets de
banque promptement et commodément. Il n'en
est pas ainsi des transactions, divisées à l'infini,
du commerce de France, qui consiste en denrées
du sol et en produits des manufactures, destinés
en majeure partie à la consommation intérieure:
les paiemens se font bien plus facilement aux
agriculteurs, aux ouvrier et aux détaillans en
monnoies d'or et d'argent, dont ils connoissent

le titre et la valeur, qu'en billets de banque, dont le montant surpasse les transactions ordinaires, et contre lesquels ils sont, surtout dans les campagnes, toujours en garde et en défiance.

Les affaires de commerce étant chez les deux peuples d'une nature aussi différente, il n'y a aucun motif pour adopter en France les mêmes signes d'échange et les mêmes papiers de circulation qu'en Angleterre. L'introduction des banques en France est donc parfaitement inutile.

Il est une vérité incontestable et généralement reconnue, c'est que l'importation en Europe des métaux d'or et d'argent depuis la découverte de l'Amérique, a fait décupler le prix des terres, des denrées et des salaires. N'est-ce pas accélérer encore l'accumulation du numéraire et l'augmentation de toutes les choses vénales, que d'admettre tout à coup dans la circulation pour cinquante, soixante ou cent millions de billets de banque ? N'est-ce pas vouloir porter un préjudice notable à toutes nos manufactures, et aggraver le sort des classes laborieuses, qui vivent de gages, de salaires, et des modiques profits de l'industrie ?

M. Necker, après avoir fait faire dans les hôtels des monnoies le relevé des espèces d'or et d'argent qui y avoient été fabriquées, avoit évalué à plus de deux milliards le montant de celles qui étoient en circulation dans le royaume ; mais il n'en avoit pas déduit sans doute celles qui avoient été fondues, perdues ou enfouies, ni celles qui avoient été exportées, et qui circuloient en plusieurs pays de l'Europe comme monnoie courante. Il est probable que la masse qui en reste en France aujourd'hui est bien moins considérable, et qu'elle n'excède pas quinze cents millions. Si donc le montant des billets de la Banque de France en circulation est de soixante millions, il faut en déduire le tiers, ou vingt millions au moins d'espèces d'or et d'argent qui doivent rester habituellement en réserve dans ses coffres, suivant l'usage des banques sagement administrées, afin de faire face aux demandes imprévues de remboursemens. Il resteroit ainsi quarante millions, dont la circulation du royaume seroit augmentée, somme très-insignifiante, à peine le quarantième de son numéraire, et il seroit d'autant plus facile de s'en passer, que, comme on vient de l'observer, les commerçans et les fabricans s'en servent bien moins que les financiers et le gouvernement.

Les mêmes raisons qui ont restreint l'emploi des billets de banque à Paris ont empêché les fabricans de Lyon, de Rouen, de Lille, où il a été établi des succursales, d'en faire un grand usage. Leurs principaux paiemens se font aux ouvriers, qui, pour leurs besoins journaliers, ne peuvent recevoir que des espèces monnoyées. La capitale et les provinces n'ont donc aucun besoin réel de cette monnoie fictive.

Le pas est si glissant pour convertir les billets de banque (1) en papier-monnoie, et ce papier est si dangereux, qu'il seroit à désirer qu'on n'eût jamais songé à nationaliser cette institution en France. C'est une plante vénéneuse, qui, comme celles des prohibitions, des douanes, et des impôts indirects, devroit être laissée dans le pays qui leur a donné naissance, et qui les cultive encore avec complaisance.

---

(1) Ceux qui pourroient encore révoquer en doute les dangers des banques en général, et l'impossibilité où sont les administrateurs de résister aux volontés du gouvernement auquel ils sont subordonnés, rectifieront bientôt leurs idées, après avoir parcouru avec quelque attention le rapport fait, le 28 janvier 1815, par le gouverneur de la Banque de France à l'assemblée générale des actionnaires. Ils y liront que la Banque de France, depuis son institution en 1806, a prêté au trésor public, à diverses époques, des sommes qui excédoient même ses capitaux ;

Que, malgré les représentations des administrateurs, les ordres du gouvernement n'en recevoient pas moins leur exécution, pour en tirer toutes les sommes qu'il avoit demandées ;

Que, dans cette situation, la Banque fut contrainte de réduire à 500,000 fr. par jour l'échange de ses billets payables à vue, et de refuser au commerce les escomptes qui, dans ces momens critiques, lui étoient le plus nécessaires ;

Que les comptoirs de Lyon, Rouen et Lille, n'ont rendu

Les billets de Law et les assignats, issus tous deux des billets de banque, ont fait cent fois plus de mal à la France que ses banques et caisses d'escompte ne lui ont fait de bien.

Ces vérités étant démontrées, le gouvernement rendroit à la nation un service signalé en proposant une loi qui proscrivît à jamais en France l'emploi d'aucun papier-monnoie, l'usage des billets de banque et les banques elles-mêmes.

Presque toutes les banques de l'Europe ont converti leurs billets en papier-monnoie; et ce

---

à ces villes que de foibles services, et n'ont causé que des pertes à la Banque;

Que s'il résulte de l'ensemble de ses opérations qu'elles n'ont produit, ni pour le commerce, ni pour les actionnaires, les avantages qu'on en attendoit, le gouvernement y a trouvé des ressources importantes.

Tout homme raisonnable en conclura que l'institution de la Banque de France n'a été avantageuse qu'au gouvernement, et on peut dire que les secours qu'il en a tirés étoient bien foibles en comparaison de ses besoins; car, depuis 1806 jusqu'à la fin de 1813, les capitaux prêtés par la Banque, à découvert, n'ont pas excédé cent millions: ce ne seroit, dans l'espace de sept années, qu'environ quinze millions annuellement. Cependant, dans deux circonstances où la Banque, épuisée, avoit limité les échanges de ses billets, ils ont perdu sur la place de dix à quinze pour cent. Si le discrédit eût continué, ils seroient devenus du papier-monnoie, et auroient exposé le gouvernement aux plus grands embarras.

papier fait aux nations des plaies plus profondes et plus difficiles à cicatriser que les guerres les plus meurtrières.

CHAPITRE IX.

Des Guerres.

—

Les Français n'ont que trop éprouvé combien les guerres étoient funestes aux arts et au commerce.

Depuis le commencement des siècles, le démon de la discorde a régné sur la terre; les hommes se sont, dans tous les temps, disputé, les armes à la main , la propriété des terres, des biens et des richesses qui étoient à leur convenance. La rivalité de puissance, et dans nos temps modernes la possession d'une colonie, de quelques comptoirs, d'une branche de commerce, ont suffi pour embraser les deux mondes, et pour causer des guerres longues et ruineuses.

Les rois et leurs ministres sont des hommes; ils ne sont pas plus exempts que les autres d'erreurs et de passions : les gouvernemens les plus sages n'ont pas toujours pu s'en affranchir, et se sont laissé entraîner à faire des guerres qui auroient pu être évitées par quelques concessions et par quelques sacrifices.

Dans l'état présent de l'Europe, il seroit difficile aux princes les mieux intentionnés de rester en paix et de garder une longue neutralité lorsque leurs voisins les plus puissans seroient en guerre; ils se verroient forcés tôt ou tard de se déclarer pour les uns ou pour les autres.

On peut croire qu'un peuple entouré de voisins puissans, qui chercheroit à s'isoler, à rester neutre, et à séparer ses intérêts de ceux des nations dont il seroit environné, verroit bientôt diminuer sa considération, et courroit le risque de subir des lois dures, ou même d'être subjugé par les princes dont il auroit refusé les offres et l'alliance.

Il est cependant vrai de dire qu'un grand nombre des guerres qui ont affligé nos pères et nous-mêmes auroient pu être évitées. On a reproché avec raison à Louis XIV d'en avoir entrepris plusieurs par ambition ou par ressentiment contre les Hollandais; on a justement blâmé encore celle que le régent fit à l'Espagne. La France se ressentira long-temps des pertes et des désastres que lui ont causés les dernières guerres contre l'Espagne et la Russie. On peut dire que toutes les guerres entreprises par Bonaparte, depuis le traité d'Amiens, étoient injustes.

Il est cependant des guerres nécessaires; et puisque dans ce cas elles sont inévitables, ne seroit-il pas possible que, pendant la durée de la paix, on cherchât les moyens de rendre ce fléau moins destructeur, et de diminuer son influence fâcheuse sur toutes les branches de l'industrie, et sur le commerce intérieur et extérieur?

La guerre ne fait sourire que ceux des militaires qui en espèrent leur avancement; c'est pour eux seuls qu'elle a des attraits; elle est l'objet de tous leurs vœux, et trop souvent de leurs sollicitations et de leurs intrigues : mais elle alarme toutes les classes des citoyens paisibles; elle inquiète les familles dont les enfans sont au service; elle effraie les consommateurs, elle les avertit de diminuer leurs dépenses; elle ralentit les demandes; elle arrête les spéculations et les entreprises; elle suspend les travaux d'une multitude de fabriques. Des manufactures florissantes en temps de paix sont frappées d'inaction en temps de guerre, et sont remplacées par des fabriques d'armes et d'ustensiles militaires. La marche des affaires est totalement changée; les capitaux prennent une direction différente.

Les vaisseaux ennemis ne sont plus admis dans nos ports; toute communication cesse avec les peuples en guerre; les neutres même sont inquiétés, on les assujétit à des entraves et à des conditions dures. Les ports de mer cessent leurs constructions, leurs armemens et leurs expéditions de commerce. Les négocians de ces ports et leurs nombreux correspondans sont exposés à la perte des navires et des cargaisons dans lesquels ils sont intéressés, et qui sont encore sur les mers ou dans des parages étrangers. Ils courent les mêmes dangers pour les capitaux et les marchandises qu'ils auroient confiés aux habitans des colonies. Ces derniers, privés d'approvisionnemens et découragés dans leurs cultures, partagent les embarras de la métropole, à laquelle ils ne peuvent plus expédier leurs denrées, et se voient réduits à souhaiter de devenir la proie de nos ennemis; ce qui est arrivé dans presque toutes nos guerres maritimes avec l'Angleterre.

La situation du commerce intérieur n'est pas plus heureuse : toutes les denrées du sol, moins recherchées, restent dans les mains des producteurs, qui ne peuvent payer ni les impôts ni leurs fermages. Les propriétaires, mal payés et gênés, ralentissent leurs consommations. Toutes les classes laborieuses, moins employées, voient avec douleur diminuer chaque jour leurs moyens d'existence. Ainsi, propriétaires, fermiers, journaliers, tous sont forcés de réduire leurs dépenses, et, dans cette situation, toutes les branches de notre industrie sont nécessairement languissantes ou paralysées.

Tels sont pour le commerce les tristes effets de la guerre.

La puissance qui donnera le premier exemple

d'établir, pour les temps de guerre, des lois justes et convenables aux intérêts de toutes les nations, aura bien mérité de l'humanité et des générations futures. La France a déjà proclamé les vérités et les principes les plus utiles au bonheur des hommes, dans la charte qu'elle a reçue du roi; elle en a réalisé la pratique aux applaudissemens de l'Europe. C'est à elle encore qu'il appartient de donner au monde le bel exemple d'une loi solennelle, qui déclarera que *jamais, même en temps de guerre, le commerce ne souffrira aucune interruption; que toutes les relations et correspondances commerciales seront continuées comme auparavant; que tous les navires des nations amies, neutres, et même ennemies, seront admis dans ses ports, excepté dans ceux de la marine militaire, pendant la guerre, aux mêmes conditions que pendant la paix.*

Cette gloire ne seroit pas stérile pour la France, elle en recueilleroit d'immenses avantages.

Toutes les affaires intérieures et extérieures n'éprouveroient ni suspension ni entraves; elles seroient continuées sans interruption, et sur le même pied qu'elles l'étoient pendant la paix. Nous ne serions plus exposés à voir s'élever à des prix excessifs les matières premières qui alimentent nos manufactures et les denrées des deux Indes, dont l'habitude nous a fait un besoin. Aucune des branches de notre agriculture et de notre industrie ne souffriroit ; nos exportations et nos importations seroient les mêmes. Nos blés, nos vins, nos eaux-de-vie, toutes les autres denrées de notre sol, et les produits de nos fabriques, n'éprouveroient plus ces baisses dans les prix, qui leur étoient si préjudiciables. Notre correspondance avec le nord de l'Europe, avec nos colonies, avec les États-Unis d'Amérique et avec les autres parties du monde, ne seroit pas interrompue. Les neutres et nos ennemis même se chargeroient de les approvisionner de nos denrées et des produits de nos fabriques, et de nous rapporter leurs productions en échange.

Le paiement des fermages et des revenus des particuliers, celui de toutes les impositions directes et indirectes ne souffriroient ni retards ni diminutions. Les consommations n'étant pas ralenties, l'agriculture, les manufactures et le commerce seroient toujours en pleine activité. Le gouvernement conserveroit toutes ses ressources ; le trésor public, alimenté à l'ordinaire et sans effort, maintiendroit le crédit national. L'état ne se verroit plus exposé à ces embarras, à ces crises terribles qui le forçoient à cesser ses paiemens, et à recourir à des expédiens ruineux, humilians pour la nation, qui, ne procurant que de foibles secours, anéantissoient son crédit pour l'avenir, et la réduisoient à la cruelle nécessité d'accepter des paix honteuses, comme le furent celle d'Utrecht en 1713, et celle de Paris en 1763.

Cette proposition, je le sais, paroîtra nouvelle et extraordinaire, et surtout contraire à ce qui s'est pratiqué dans les temps antérieurs.

Dans les précédentes guerres, on suspendoit toute correspondance, tout commerce avec l'ennemi. (Cet ennemi depuis plus d'un siècle a presque toujours été le roi d'Angleterre.)

Le gouvernement français se persuadoit que, par cette interruption, il portoit à l'ennemi un grand préjudice, et il ne s'apercevoit pas qu'il faisoit infiniment plus de mal à la France. Les Anglais, dans leur position insulaire, défendus et protégés par une marine formidable, n'éprouvoient aucune suspension dans leurs affaires maritimes et dans leur commerce extérieur; leurs expéditions n'étoient point ralenties, et ils continuoient à recevoir des diverses parties du monde toutes les marchandises nécessaires à leurs manufactures et à leur consommation : tandis que, par notre infériorité sur mer, nos vaisseaux marchands, mal protégés, devenoient la proie de l'ennemi, ou étoient condamnés à rester inactifs dans nos ports. Une seule branche du commerce des Anglais souffroit, celle qu'ils faisoient avec la France. Toutes les nôtres languissoient : agriculture, manufactures, commerce intérieur et extérieur, tout étoit en souffrance.

Les effets de cette conduite impolitique ont

été si contraires à nos intérêts, qu'ils doivent nous avertir d'adopter une mesure entièrement différente, celle qui vient d'être proposée.

On ne manquera pas d'objecter encore le défaut de réciprocité ; mais la France a-t-elle besoin de la réciprocité et de l'avis de ses voisins, pour adopter une résolution que la raison et son intérêt lui conseillent, et qui lui assure le maintien de la prospérité de toutes ses industries? Il est pour elle d'une extrême importance de conserver en temps de guerre tous ses avantages et toutes ses ressources, et elle ne peut espérer d'y réussir qu'en maintenant ses importations et ses exportations sur le même pied qu'en temps de paix, afin de continuer à réunir le même nombre de vendeurs et d'acheteurs dans ses ports, et d'avoir les mêmes chances d'acheter et de vendre avec tout l'avantage possible. Elle y parviendra certainement, si en temps de guerre elle laisse ses ports de commerce ouverts à toutes les nations, même à ses ennemis. Elle attendroit en vain d'eux la réciprocité ; car leurs intérêts sont, en cas de guerre, diamétralement opposés aux siens.

Nos guerres les plus fréquentes et les plus désastreuses ont été celles que nous avons eu à soutenir contre l'Angleterre. Notre rivalité est très-ancienne : la jalousie mutuelle des deux nations ne sera pas affoiblie par l'énorme prépondérance que les Anglais viennent d'acquérir en Europe.

Pour la conserver, ils maintiendront de tous leurs efforts leur supériorité maritime et commerciale, qui est la base de leur puissance. Vouloir lutter avec eux sur mer, ou tenter de leur enlever de force quelques branches de leur commerce dans les diverses parties du monde, ce seroit des entreprises qui n'offriroient pas la moindre chance de succès. Il seroit d'une bien plus sage politique de renoncer franchement à tout projet semblable, afin de ne leur donner aucun ombrage, et d'éloigner toutes les causes des guerres que des intérêts de commerce ont plusieurs fois allumées entre les deux nations. La mesure proposée rempliroit ce but; et si les ruptures avoient lieu désormais, ce ne seroit que pour des querelles suscitées à raison de leurs possessions, ou de leurs alliances sur le continent. Les guerres qu'elles causeroient, seroient moins acharnées, moins longues et moins coûteuses.

Mais, dira-t-on, si leur commerce avec nous n'est pas interrompu, nous leur fournirons donc nous-mêmes des ressources pour nous faire la guerre?

Il faut considérer la position actuelle des deux nations. Les Anglais sont les maîtres du commerce du monde ; ils ont seuls la possession exclusive des matières premières, des drogues, des épices, et de plusieurs denrées des deux Indes dont nous avons absolument besoin. N'est-il pas de notre intérêt de les obtenir d'eux directement à bon marché, plutôt que de les acheter très-cher des neutres indirectement et de la seconde main ? N'est-il pas préférable de payer aux Anglais une denrée quelconque 100 fr., que de l'acheter des neutres 120 ou 130 ? N'est-il pas évident que, dans cette dernière hypothèse, nous serons les seuls à souffrir ; car, en passant par la main des neutres nous dépenserons davantage, tandis que les Anglais recevront des neutres les mêmes bénéfices qu'ils recevroient de nous ?

Il faut considérer de plus que, si nous leur interdisons l'entrée de nos ports de commerce en temps de guerre, la supériorité de leur marine militaire leur assurera la possibilité de les bloquer, comme ils l'ont fait dans les guerres précédentes : ils interrompront nos relations de commerce avec toutes les nations. Si, au contraire, nous continuons à les admettre sous la seule condition de ne pas gêner nos liaisons avec les neutres, ils n'auront plus de motifs ni de prétextes pour bloquer nos ports ; notre commerce extérieur ne souffrira ni suspension ni entraves, et toutes nos industries conserveront leur activité accoutumée, même en temps de guerre.

Ces raisons me paroissent décisives en faveur de la mesure que je viens de proposer ; je leur donnerai de nouveaux développemens lorsque je m'occuperai du commerce extérieur.

CHAPITRE X.

Des Lois pénales contre les délits de commerce.

—

LE Code de commerce est divisé en quatre livres. Le premier traite du commerce en général; le second, du commerce maritime; le troisième, des faillites et banqueroutes; le quatrième, de la juridiction commerciale.

Les dispositions des deux premiers livres et du quatrième sont généralement sages, conformes aux anciens usages de la France établis par les ordonnances de Louis XIV, ou à ceux des autres nations commerçantes. Les changemens qui y ont été introduits sont raisonnables, et améliorent nos institutions commerciales.

Il n'en est pas ainsi des dispositions du livre troisième, relatif aux faillites et banqueroutes, qui semblent dictées par la défiance contre des hommes dont la profession est suspectée d'une fraude habituelle; elles sont d'une telle sévérité, que les tribunaux de commerce sont forcés d'en éluder l'exécution.

Les commerçans sont les agens nécessaires de la circulation de tous les produits agricoles et

6.

industriels; ils sont les médiateurs des principales transactions entre les propriétaires, les agriculteurs, les manufacturiers et les consommateurs nationaux et étrangers; ils sont les arbitres des intérêts sociaux les plus importans; ils sont les gérans d'une masse considérable de richesses mobilières qui sont dans leurs mains, soit comme leur propriété, soit comme celle d'un grand nombre de familles qui leur a été confiée; ils sont enfin les distributeurs de tous les produits de l'industrie entre les consommateurs.

Des fonctions si importantes exigent, de la part de tous ceux qui ont avec eux des relations journalières, une confiance d'autant plus grande, que la majeure partie des achats, des ventes et des transactions se fait de vive voix, sans écritures, et sur la bonne foi des contractans.

La réputation et le crédit d'un commerçant dépendent uniquement de la confiance qu'inspirent la loyauté de son caractère et la régularité de sa conduite. Toutes les dispositions du troisième livre du Code de commerce renversent ces idées salutaires, autrefois généralement adoptées, sur la moralité et la probité nécessaires aux commerçans. Elles semblent provoquer une défiance jalouse contre eux; elles affectent de les regarder comme des hommes de mauvaise foi, contre lesquels la loi doit multiplier les précautions, et auxquels elle doit prescrire des obligations particulières, et imposer, en cas d'infraction, des peines plus sévères qu'à tous les autres citoyens.

Les commerçans, par cette loi, forment réellement une classe à part dans l'état; leurs familles ne jouissent point des avantages assurés à toutes les autres : s'il leur arrive des malheurs qui entraînent leur désastre, leurs femmes sont dépouillées de leur fortune mobilière, et elles sont, ainsi que leurs enfans, réduites à la mendicité. Cette législation est en contradiction absolue avec le Code civil, qui prescrit une multitude de précautions pour la conservation du bien des femmes. Le Code civil, art. 471 et 472, veut qu'elles exercent leurs reprises même sur les biens qui n'existent pas en nature, sur l'argent comptant, sur les meubles et les immeubles, et, en cas d'insuffisance, sur les biens du mari, *avant tous les créanciers.*

Le Code de Commerce, au contraire, art. 554, ordonne que tous les meubles meublans, effets mobiliers, diamans, bijous, tableaux, vaisselle d'or et d'argent, appartenant à la femme, *sous quelque régime qu'ait été formé le contrat de mariage, soient acquis aux créanciers.*

La femme et les enfans du failli sont, par cette disposition barbare, punis pour une faute dont ils ne sont pas coupables, et qu'il n'a été aucunement en leur pouvoir d'empêcher.

Les familles des commerçans forment ainsi, au

milieu de la nation, une peuplade particulière, assimilée en quelque sorte aux Juifs, contre lesquels tous les gouvernemens accumuloient autrefois à l'envi les injustices et les rigueurs.

Cette législation a commencé en 1808. Elle excita alors de vives réclamations, qui ne furent pas écoutées : on chercha à démêler les motifs qui avoient pu déterminer le gouvernement à l'adopter. Les journaux publièrent que le luxe, le faste et les dépenses de quelques maisons de banque et de commerce nécessitoient des mesures de répression très-sévères; que certains chefs de ces maisons ayant supposé, dans leur contrat de mariage, avoir reçu de leurs femmes des sommes très-supérieures à celles qu'ils avoient réellement touchées, dans le dessein prémédité de faire banqueroute, et d'en frauder leurs créanciers, il étoit nécessaire d'empêcher que des délits semblables ne se renouvelassent. Ces actes étoient certainement répréhensibles, ceux qui s'en étoient rendus coupables devoient être punis; mais cette faute, qui étoit celle de quelques individus, devoit-elle retomber sur la totalité des commerçans de la France? Nécessitoit-elle contre tous une loi qui punissoit d'avance leurs familles d'un délit que la presque totalité de ces familles ne commettroit jamais?

Les autres dispositions de ce troisième livre relatives aux faillites sont aussi rigoureuses; elles prescrivent une multitude de formalités et de procédures longues, coûteuses, inutiles, et presque toutes préjudiciables aux créanciers : il suffit de parcourir les articles 442 à 531, pour s'en convaincre.

Le failli, tel qu'il soit, quelle que soit la cause qui ait amené son désastre, soit qu'il provienne de spéculations hasardées, ou de mauvaise administration, soit qu'il soit dû à des négligences, à des accidens imprévus, ou produit par force majeure, est traité de la même manière. La loi semble le regarder d'avance comme coupable, il est constitué prisonnier dans une maison d'arrêt, ou commis à la garde d'un officier de justice. Un commissaire du tribunal de commerce, des agens et des syndics provisoires, s'emparent de toutes ses affaires, se saisissent de son porte-feuille, de son mobilier, de ses magasins, de ses marchandises. Quoiqu'ils n'aient aucune connoissance de la nature de son commerce, ils sont chargés de tout administrer; ils peuvent faire vendre son mobilier et même ses marchandises (1), s'ils le jugent à propos. Les fonds provenant des ventes et des rentrées doivent être déposés dans une caisse à deux clefs, où il arrive souvent qu'ils restent très-

____

(1) On sait que les ventes forcées, outre qu'elles sont très-coûteuses, sont toujours faites à vil prix, le plus souvent à quarante et cinquante pour cent de perte.

long-temps sans porter ni profit ni intérêt; cependant les procédures et les frais s'accumulent et consomment une forte partie des débris de la fortune du failli.

C'est dans cette situation, et seulement lorsque toutes les formalités prescrites par la loi ont été remplies, qu'on assemble les créanciers pour leur rendre compte de la gestion provisoire des agens et de l'état de la faillite, et pour leur demander s'ils veulent faire un concordat avec leur débiteur. On conçoit que les frais ayant consommé une grande partie de l'actif du failli, les créanciers, mécontens, sont rarement disposés à traiter avec lui. S'ils y consentent, les répartitions qu'ils ont à espérer de lui se réduisent à cinq, dix, quinze pour cent au plus. S'ils s'y refusent, leur sort est plus fâcheux encore; les procédures et les frais recommencent; il faut de nouvelles assemblées pour nommer un caissier et des syndics définitifs, qui doivent être chargés de la gestion d'affaires à peu près désespérées, dont la liquidation ne présente, après plusieurs années, aux malheureux créanciers qu'un dividende presque nul, encore affoibli par le droit d'enregistrement (1),

----

(1) Peut-on voir sans indignation que le trésor public profite du malheur des créanciers, qu'il se remplisse à leurs dépens, et en aggravant leur sort? Cet abus du pouvoir ne peut plus subsister.

qui, par une fiscalité révoltante, se perçoit non sur la somme à répartir, mais sur le montant total de la faillite.

Pendant tout le cours des procédures, le failli peut être poursuivi criminellement, soit d'office par le ministère public, soit sur la dénonciation des tribunaux de commerce, ou même sur celle de quelqu'un des créanciers. Ces poursuites, qui en certains cas retombent sur la masse, achèvent de rendre la faillite encore plus fâcheuse.

L'envoi du failli dans une maison d'arrêt, ou sous la garde d'un officier de justice, est une peine réelle, infligée sans instruction, sans jugement préalable. Elle est dégradante pour le commerce en général, sans produire aucun avantage à la société; elle est nuisible à la masse des créanciers, puisque les frais sont à sa charge; elle détruit entièrement le crédit du failli, à qui elle enlève presque tout espoir de se rétablir. S'il est en prison, elle expose son mobilier, ses effets et ses marchandises au gaspillage et aux dilapidations, et elle prolonge nécessairement toutes les opérations de la liquidation, par l'impuissance où il est de donner aux agens et aux syndics les renseignemens dont ils auroient besoin.

Le failli poursuivi criminellement peut être déclaré coupable de banqueroute simple ou de banqueroute frauduleuse. Ces deux déclarations peuvent être prononcées en divers cas exprimés dans la loi, dont plusieurs sont tellement vagues, que des juges, influencés, ou prévenus contre le failli, peuvent toujours le condamner, s'ils le veulent. Par exemple, il peut être déclaré coupable de banqueroute simple, « si *les dépenses de sa mai-* » *son*, portées sur son journal, *sont jugées ex-* » *cessives ;* s'il résulte de son dernier inventaire, » que son actif étant de cinquante pour cent au- » dessous de son passif, il a fait *des emprunts* » *considérables ;* s'il présente *des livres irréguliè-* » *rement tenus,* même sans fraude, etc. » Avec ces mots : *Dépenses excessives, emprunts consi-* *dérables, et livres irrégulièrement tenus,* aux- quels la colère et la chicane peuvent donner toute l'extension que la passion suggère, il n'y a pas un seul failli qui puisse espérer d'échapper à la con- damnation. Il peut également être déclaré cou- pable de banqueroute frauduleuse lorsqu'il se trouve dans les cas énoncés dans la loi, et dont la définition est aussi vague, et notamment « s'il » a supposé *des dépenses ou des pertes,* et n'a » pas justifié *de toutes ses recettes ;* s'il n'a pas » *tenu de livres,* ou *si ses livres ne présentent pas* » *sa véritable situation,* etc. »

Il y a très-peu de faillis à qui on ne puisse faire au moins l'un de ces reproches ; et ainsi ils peu- vent être tous condamnés comme banqueroutiers frauduleux, et envoyés aux galères. Les mar- chands des campagnes seroient tous dans l'un des deux derniers cas, car presque aucun d'eux ne tient de livres réguliers, et un très-grand nombre ne sait ni lire ni écrire.

Il est nécessaire d'établir ici une distinction entre les délits dont les banqueroutiers frauduleux se rendent coupables, et ceux qui sont commis par les voleurs, qui, les uns et les autres, sont condamnés à la même peine, celle des travaux forcés à temps. Cette distinction est si remarquable, qu'il est incroyable qu'elle ait échappé au législateur.

Des voleurs qui, seuls, ou réunis en troupe, s'introduisent dans une maison à l'aide de fausses clefs, avec effraction, ou par escalade; qui jettent l'alarme et l'épouvante dans toute la famille ; qui s'efforcent de l'effrayer par des vociférations et des menaces ; qui, après avoir commis des actes de violence, finissent par enlever l'or, l'argent et les effets dont ils se sont emparés, ne sont-ils pas infiniment plus coupables que des faillis à qui on ne peut reprocher que d'avoir employé des moyens de séduction ou d'adresse pour obtenir la confiance de leurs créanciers; d'avoir consommé en spéculations hasardées les capitaux et les marchandises qui leur avoient été confiés, ou même d'en avoir diverti une partie à leur profit, afin de se soustraire à la misère qui les attendoit après leur banqueroute ?

Presque toutes les transactions de commerce

sont accompagnées de chances et de risques qui sont parfaitement connus des vendeurs et des prê- teurs ; et c'est du moins en partie ce qui autorise les gros bénéfices qui se font sur les marchandises, et les intérêts ordinairement plus élevés qui se payent par les commerçans. Ainsi les vendeurs et les prêteurs ne sont jamais surpris : ils connoissent bien le danger des longs crédits qu'ils accordent. Ils ne sont que trop souvent entraînés par l'appât du gain à faire des ventes et des affaires dou- teuses. Leur débiteur n'a usé d'aucun moyen de violence; il n'a réussi auprès d'eux que par des paroles flatteuses et des tableaux séduisans dont ils auroient dû se défier, et il arrive souvent que, s'ils ont été dupes, c'est qu'ils ont bien voulu l'être. Ainsi, il y a toujours eu un consentement tacite de la part du créancier, de courir le risque de ne pas être payé par son débiteur, et de supporter les pertes éventuelles qu'il pourroit lui faire essuyer. Peut-on supposer le même consentement au ci- toyen paisible dont le domicile est forcé ou esca- ladé de jour ou de nuit par des brigands armés qui le dépouillent de ses effets ou de son argent ? Ces deux espèces de coupables ne peuvent donc être assimilés sous aucun point de vue.

Le voleur avec effraction, qui use de menaces et de violence, trouble l'harmonie de la société; il en viole toutes les lois; il jette l'alarme dans une ville entière, dans tout un canton. C'est une bête féroce que tout le monde a droit d'arrêter, de garrotter, et même d'exterminer quand il n'est pas possible de l'empêcher, par quelque autre moyen, de commettre de nouveaux crimes.

Le banqueroutier, même frauduleux, ne peut être considéré que comme un escroc dangereux, qui doit être séquestré de la société, afin qu'il n'y fasse plus de dupes.

C'est une étrange méprise du législateur que de punir du même châtiment deux crimes si différens par leur nature, par leurs effets et par leurs conséquences.

Il y a eu aussi dans tous les temps une multitude de faillites et de banqueroutes causées par force majeure, et par des événemens qu'il étoit impossible de prévoir. Les gouvernemens de nos rois et ceux qui leur ont succédé n'ont que trop souvent manqué à leurs engagemens, et fait subir des pertes énormes à leurs créanciers, qui presque tous étoient des capitalistes et des commerçans. Combien n'avons-nous pas vu de suspensions de paiemens, de dettes renvoyées à l'arriéré, de liquidations ajournées? Combien de fois tous les commerces n'ont-ils pas été interrompus par de nouvelles guerres, par des crises intérieures, ou par des mesures politiques extérieures? Ces causes multipliées dérangent nécessairement, détruisent même les opérations et les spéculations de commerce les plus sagement combinées. Combien

alors la loi est injuste ! Elle punit sur les commerçans des désastres dont ils sont victimes, et
qui sont la suite inévitable des guerres, du désordre des finances, ou des erreurs du gouvernement.

Les effets immédiats ou prochains de cette déplorable législation ne peuvent manquer d'être
funestes à la France. Je vais en exposer plusieurs.

1°. La loi, reconnue généralement comme injuste ou trop sévère, continuera à être éludée,
et presque tous les faillis seront excusés par les
tribunaux de commerce.

2°. Les commerçans dont les affaires seront
embarrassées, ou commenceront à être dérangées,
préféreront les continuer et courir de nouveaux
risques, plutôt que de s'exposer à toutes les
épreuves et à tous les désagrémens des formalités
prescrites par la loi. Ils ne présenteront leur
bilan au tribunal que lorsque toutes leurs ressources seront épuisées. Ils y seront d'autant
plus déterminés que, suivant la loi, quels que soient
l'actif et le dividende qu'ils présentent à leurs
créanciers, leur condition particulière ne sera ni
empirée, ni améliorée.

3°. Elle aggrave le sort des créanciers par la
lenteur et la multiplicité des formalités, par les
frais de procédures et les droits d'enregistrement
que les faillites entraînent.

4°. Les créanciers, n'ayant à espérer que de

foibles répartitions, seront rarement disposés à faire aucun concordat avec leurs débiteurs.

5°. Les femmes et les enfans n'ayant point de reprises à exercer, et se voyant totalement ruinés, seront, par la sévérité de la loi, fortement inclinés à détourner des effets ou des marchandises, afin de conserver quelques ressources.

6°. Les anciennes familles de négocians et d'une réputation intacte répugneront à rester eux-mêmes, ou à établir leurs enfans, dans une profession en quelque sorte flétrie, et frappée du soupçon de fraude et de mauvaise foi par la loi, au point de prescrire contre les commerçans seuls des mesures d'une telle rigueur, qu'elles privent leurs femmes des droits que le Code civil conserve avec tant de sollicitude à toutes les autres Françaises.

7°. La loi détourne les riches capitalistes de donner leurs filles en mariage à des commerçans, dans la crainte de compromettre leur dot et l'état de leurs enfans ; elle prive ainsi un grand nombre de marchands des capitaux qui leur sont nécessaires et des ressources qu'ils trouveroient dans un mariage avantageux.

8°. Elle tend à empêcher les capitaux de se porter dans les entreprises de commerce, parce qu'elles ne seront plus administrées par des hommes aussi recommandables par leur probité et par leur fortune.

9°. Les commerçans français se trouveront ainsi dans une infériorité marquée avec ceux des autres nations, dont aucune n'a un Code de commerce aussi rigoureux.

La loi semble se complaire à réserver ses plus grandes rigueurs contre les femmes des commerçans, qui le plus souvent n'ont que des notions imparfaites des affaires, et n'en ont presque jamais la direction. Il est même des entreprises de commerce, telles que les manufactures et le commerce en gros, dont elles ne s'occupent en aucune manière. Nous les voyons, dans les comptoirs des boutiques, presque uniquement chargées de la recette, sans se mêler ni de la tenue des livres, ni de la correspondance, ni de la gestion principale, que leurs maris se réservent, comme cela se pratique dans toutes les autres branches de commerce. Elles ne doivent donc jamais être responsables de la gestion de leurs maris; il est même assez rare qu'elles soient complices de leurs banqueroutes.

Cependant il est raisonnable qu'en cas de faillite leur conduite soit examinée, et que s'il y a contre elles des présomptions suffisantes, soit de fraude dans les sommes portées dans leur contrat de mariage, soit de complicité dans les délits reprochés à leurs maris, elles soient susceptibles d'être poursuivies et de subir un jugement; mais il est souverainement injuste de les condamner d'avance sans examen, sans avoir été entendues, et de les priver de leur bien sans jugement, pour une faute dont il y a de fortes présomptions qu'elles ne sont pas coupables.

Cette loi est en opposition formelle avec le Code civil, qui est la loi commune.

Un homme non commerçant consomme en prodigalités, en folles dépenses, au jeu, une partie de son bien, et même les sommes qu'il a empruntées à divers créanciers. Ses affaires se dérangent, il est hors d'état de payer ses dettes : il est dans la position d'un marchand qui fait banqueroute; il est aussi coupable que lui. Cependant, loin que sa femme soit tenue d'abandonner à ses créanciers sa dot et ses droits, elle est au contraire autorisée à exercer ses reprises avant eux sur les biens de la communauté et, en cas d'insuffisance, sur ceux de son mari.

La justice ne peut avoir deux balances : elle réclame en faveur des femmes des commerçans les mêmes priviléges et les mêmes avantages que la loi commune accorde à toutes les autres.

Il est indispensable aussi de simplifier la législation des faillites, d'abréger les formalités et les procédures, d'en diminuer les frais, et enfin d'adoucir les peines contre les banqueroutiers (1).

____

(1) Au lieu de la peine des travaux forcés à temps contre les banqueroutiers frauduleux, celle de la réclusion de

2.

7

Le Code pénal du commerce doit être refondu en entier.

Il seroit à désirer que les tribunaux de commerce eussent droit de censure sur tous les commerçans de leur ressort, et qu'ils l'exerçassent sur ceux dont les dépenses excessives, ou la conduite imprudente donneroit lieu à l'animadversion publique. Cette censure seroit soumise à la délibération du tribunal ; elle ne pourroit être prononcée qu'après avoir entendu le commerçant accusé, qui auroit été sommé de comparoître, ou, à défaut de comparution, après trois sommations.

Que l'on me permette ici quelques réflexions sur la contrainte par corps pour dettes de commerce.

Cette peine, prononcée par un simple jugement, a les plus graves inconvéniens, et ne produit aucun avantage réel. Elle n'est proportionnée ni à la nature du délit, ni au montant de la somme réclamée par le créancier poursuivant; elle est infligée pour une dette de cent francs, comme pour une dette de cent mille ; elle est

cinq à dix ans suffiroit. Si on se rappelle la distinction précédemment établie entre les crimes des voleurs avec effraction et les délits imputés aux banqueroutiers frauduleux, on reconnoîtra que cette dernière peine est très-suffisante.

donc injuste dans son principe. Sa durée, qui est illimitée, dépend uniquement de la volonté du créancier qui a obtenu le jugement : elle est donc injuste dans ses conséquences. Elle est favorable au petit créancier, qui n'est pas intéressé à ménager son débiteur, et qui, en le poursuivant à outrance et en le faisant emprisonner, a l'espoir fondé de se faire payer. Elle est ainsi préjudiciable aux gros créanciers, qui craindroient de ruiner le crédit de leurs débiteurs en employant contre eux de semblables moyens.

La contrainte par corps est humiliante pour les commerçans en général, que la loi devroit au contraire entourer de considération, afin de relever leur profession à leurs yeux, et de les pénétrer des principes d'honneur et de probité qui devroient régler toutes leurs actions.

Elle ruine le débiteur en lui ôtant son crédit et sa réputation ; elle occasionne le dérangement de ses affaires, et souvent des désordres dans sa famille, en l'empêchant de veiller à sa maison.

On la croit utile au commerce, en ce qu'elle oblige les marchands à payer exactement leurs dettes. On se tromperoit étrangement, si l'on croyoit que leur exactitude provient de la crainte d'être emprisonnés. Elle repose sur un sentiment d'une bien plus grande force, l'intérêt si pressant pour eux de conserver leur état et leur existence. Cette conservation repose uniquement sur une réputation irréprochable, et sur la ponctualité à remplir à jour nommé leurs engagemens. S'ils sont si scrupuleux à les acquitter à jour et à heures fixes, c'est parce qu'ils sont convaincus que le moindre délai dans leurs paiemens ébranleroit leur crédit, et jetteroit l'alarme parmi leurs correspondans, qui cesseroient d'avoir confiance en eux.

On objecte que, si la contrainte par corps n'existoit pas, les capitalistes auroient moins de confiance dans les commerçans, et seroient moins disposés à leur prêter leurs fonds. On ne réfléchit pas que les capitaux, comme les denrées et les marchandises, sont improductifs dans les mains de leurs propriétaires, tant qu'ils les gardent, et qu'ils n'en obtiennent des profits que lorsqu'ils s'en dessaisissent pour les placer; que, si la contrainte par corps n'existoit pas, ils seroient dans la même nécessité de placer leurs capitaux pour en tirer les revenus nécessaires à leurs dépenses; qu'ils continueroient donc à en faire le même emploi. En France comme en tout autre pays, il existera toujours un grand nombre de capitalistes, qui par goût, ou par des raisons qui leur sont particulières, ne voudront pas ou ne pourront pas aliéner leurs fonds, et qui préféreront les prêter sur des effets ou obligations à terme fixe; ce qu'ils ne pourront faire que dans le commerce.

La contrainte par corps pour dettes de commerce n'a donc, sous quelque point de vue qu'on l'envisage, aucune utilité réelle.

Plusieurs de ces réflexions sont applicables aux autres contraintes par corps, qui peuvent être prononcées par les tribunaux contre les comptables, les fermiers, etc.

CHAPITRE XI.

Des Impôts sur les produits de l'industrie.

—

Les impôts, en diminuant les facultés de ceux qui les payent, réduisent leurs consommations, et influent ainsi directement sur l'industrie et le commerce.

L'impôt, qui enlève aux contribuables le tiers, le quart ou le dixième de leurs profits ou de leurs revenus, prive les riches de quelques-unes de leurs jouissances, les pauvres d'une partie de leur nécessaire, et tous d'une portion des moyens qu'ils auroient employés à la reproduction.

Plus les impôts augmentent, et plus ces effets deviennent sensibles aux contribuables. Nous avons vu que sur ces dernières années, où les taxes et les impôts ont été augmentés à l'excès, toutes les industries en avoient plus ou moins souffert.

Aucun gouvernement ne peut subsister sans revenus : ceux des domaines de l'état étant partout très-inférieurs aux dépenses, il a fallu y suppléer par des impositions sur les revenus des particuliers.

C'est du choix de ces impôts, de leur assiette, de leur perception et de leur emploi, que dépendent le bonheur des peuples, la puissance et la stabilité des gouvernemens. Tout impôt injuste dans son assiette, oppresseur et dispendieux dans sa perception, occasionne d'abord des murmures, puis des révoltes, et finit par menacer la tranquillité publique.

Les querelles de religion, les famines, l'oppression et les impôts vexatoires, ont été depuis plusieurs siècles, en Europe, les principales causes des troubles et des révolutions. Ces deux dernières causes sont celles dont les effets ont été les plus terribles, et qui devroient être évitées avec le plus de soin.

Presque tous les gouvernemens suivent, pour l'administration de leurs finances, une règle de conduite entièrement opposée à celle des particuliers. Ceux-ci, sous peine de ruine, sont tenus de proportionner leurs dépenses à leurs revenus. Les gouvernemens au contraire commencent par fixer leurs dépenses, et ils cherchent ensuite des expédiens pour augmenter les recettes, et les faire monter au niveau des dépenses. C'est en partie à cette méthode, employée en sens inverse de la raison, qu'on peut attribuer l'excès des impôts.

Lorsque le produit des diverses impositions sur les propriétés ne suffit pas aux dépenses, les gouvernemens ont recours à des taxes sur les produits de ces propriétés : la première de ces contributions est appelée directe ; la seconde, indirecte. L'une se perçoit avec peu de frais ; elle est payée par ceux qui ont une fortune réelle, facile à connoître ; l'autre est acquittée, pour les trois quarts au moins, par ceux qui n'ont rien. La perception en est accompagnée de formes plus ou moins vexatoires et toujours dispendieuses, qui en augmentent la charge d'un tiers ou d'un quart pour le contribuable. Elle est encore augmentée par les bénéfices que les détaillans font sur toutes leurs avances, qui se composent non-seulement de la somme nécessaire à payer les denrées et marchandises sujettes à l'impôt, mais encore de celles qu'ils emploient à acquitter les droits, les frais de perception, etc.

Ceux qui payent les impôts directs et indirects n'en font que l'avance ; ils s'en remboursent, dans un temps plus ou moins éloigné, soit sur la vente des denrées et marchandises, soit par l'augmentation des salaires.

Les propriétaires et les fermiers, qui payent l'impôt foncier, s'en remboursent presque immédiatement sur la vente qu'ils font de leurs denrées; car le prix du blé, du vin, de la viande et de toutes les productions du sol, se compose des frais et des dépenses payés par le cultivateur: il faut que le montant de toutes les ventes qu'il fait dans l'année l'indemnise des salaires de ses ouvriers, des gages de ses domestiques, de toutes les dépenses de culture, du fermage et des impôts qu'il paye. S'il n'étoit pas remboursé de toutes ses avances, et s'il ne lui restoit pas en outre un profit suffisant pour la dépense et le maintien de sa famille, il seroit forcé de renoncer à son exploitation (1).

Les salariés, les ouvriers, les journaliers, et

------

(1) L'impôt foncier pour l'année 1815, y compris 50 centimes additionnels, est évalué à deux cent soixante millions, dont environ soixante millions portent sur les maisons, et deux cents sur les terres.

Le produit brut annuel des terres est estimé à trois milliards quatre cents millions; ce qui forme, sur cette valeur, trois pour cent pour chacun des cents millions. Ainsi, l'impôt sur les terres influe de 6 pour cent sur le prix de toutes les denrées qui en proviennent. Dans cette proportion, il entre pour 1 fr. 50 cent. dans la valeur du setier de blé, dont le prix commun est de 25 fr.

En suivant les mêmes calculs, si tous les impôts demandés à la nation, et qui sont ensemble de sept cents millions, portoient sur les biens-fonds, le prix du setier de blé seroit augmenté de 3 fr. 75 cent. Cette observation prouve com-

tous les hommes sans propriété , sur lesquels pèse la plus forte partie des impôts indirects , s'en remboursent aussi tôt ou tard sur les propriétaires cultivateurs, ou autres, qui les emploient, en augmentant le prix de leurs journées et de leurs salaires; car il faut qu'ils gagnent assez pour faire subsister leurs familles : autrement leur race s'éteindroit (1). Mais cette indemnité est, pour eux, bien plus lente; elle n'a lieu qu'après plusieurs années, pendant lesquelles cette avance qu'ils font des impôts indirects leur impose des privations dures, d'autant plus pénibles à supporter, que leurs moyens d'existence sont plus bornés.

Dans le premier cas, l'impôt foncier, dont le

bien est fausse l'opinion de ceux qui croient que, si les biens-fonds supportoient tous les impôts, le prix du blé doubleroit.

Mais il ne seroit pas nécessaire de charger les terres de quatre cents millions de contributions de plus, pour supprimer les impôts vexatoires; une somme de moins de cent millions suffiroit , et elle n'augmenteroit le prix du setier de blé que de trois pour cent, ou 75 cent.

(1) Lorsque les journaliers des campagnes et les ouvriers des villes tombent dans la misère, leurs enfans, mal nourris, mal vêtus , privés de secours dans leurs maladies, périssent pour la plupart dans l'enfance ; très-peu atteignent leur vingtième année. Si quelques-uns prolongent leur vie au-delà, ils forment une race abâtardie et dégradée.

propriétaire est chargé est peu sensible pour lui;
il est plus juste que l'impôt indirect, en ce qu'il
est le prix et la récompense de la protection du
gouvernement; il lui est rarement onéreux, parce
qu'en achetant son bien, le montant de l'impôt
est entré dans ses calculs. On en peut dire autant
du fermier, qui fait soigneusement les mêmes calculs avant de passer le bail de sa ferme. Mais aucune
combinaison, aucune compensation ne peuvent
avoir lieu pour le journalier qui fait l'avance des
impôts indirects; il en supporte seul le poids pendant long-temps.

En conduisant ainsi la question à son dernier
terme, elle se réduit à savoir par qui l'avance des
impôts doit être faite:

Par ceux qui ont des propriétés, ou par ceux
qui n'en ont pas ?

Par ceux qui peuvent s'indemniser immédiatement de leurs avances, ou par ceux qui ne le peuvent que dans un temps très-éloigné?

Par ceux qui peuvent réclamer avec succès
contre les surcharges dont on veut les accabler,
ou par ceux dont les cris sont facilement étouffés,
et ne sont entendus que lorsque l'excès des taxes
les a réduits au désespoir ?

Ces questions étant résolues équitablement, il
y a peu de gouvernemens qui ne dussent se déci-
der, si ce n'est à supprimer tous les impôts indirects, du moins à les diminuer graduellement.

Ils y sont intéressés pour assurer leur tranquillité, pour laisser aux classes laborieuses une somme plus forte de moyens de reproduction, enfin pour se garantir eux-mêmes de toutes les tentations de prodigalités, de dépenses inutiles, de guerres injustes, ou dictées par l'ambition.

C'est pour conquérir le vaste empire des Indes, pour s'assurer la domination des mers et le commerce du monde, enfin pour maintenir sa prépondérance en Europe, que l'Angleterre a accumulé les taxes indirectes de toutes espèces sur tous les produits de l'industrie. Ses ministres se sont depuis long-temps efforcés de défendre et de propager la doctrine des impôts indirects, sous le prétexte de favoriser l'agriculture. Ils doivent s'applaudir du succès; mais, par cette conduite, ils ont réussi à faire monter toutes les denrées et tous les salaires au double au moins de ce qu'ils sont en France.

Un souverain prodigue, ambitieux, insouciant, livré à des courtisans insatiables, doit préférer les impôts indirects, parce qu'il peut les augmenter à volonté, du moins jusqu'à ce que le fardeau en devienne insupportable au peuple.

Un prince sage, sans ambition, content de son sort, ami de la tranquillité, jaloux du bonheur de ses peuples et du sien, doit au contraire préférer les contributions directes, parce qu'il sait qu'elles sont plus difficiles à augmenter, et qu'il s'impose ainsi à lui-même la nécessité d'être juste, économe, ennemi des dépenses d'ostentation, des entreprises gigantesques, et des guerres offensives.

Tous les impôts indirects ne sont pas oppressifs au même degré. Ceux qui fatiguent le plus les peuples sont ceux qui portent sur les denrées ou sur les boissons, qui sont accompagnés de visites domiciliaires, d'inquisitions, de procédures, de saisies, de confiscations, et de frais qui en augmentent le poids pour les contribuables ; qui éveillent, par l'appât du bénéfice, la cupidité des fraudeurs ; qui forcent le gouvernement à créer des crimes imaginaires, à établir des peines excessives pour effrayer les fraudeurs, et des tribunaux spéciaux pour les condamner.

Ces caractères distinctifs feront aisément reconnoître ceux des impôts indirects qui peuvent être conservés et ceux qui doivent être proscrits. Ceux qui influent sur l'industrie, et sur le commerce des villes, vont passer en revue sous les yeux du lecteur.

CHAPITRE XII.

Du Droit sur le sel.

—

Je ne répéterai point ici ce que j'ai dit, dans la première partie de cet ouvrage, relativement à l'impôt sur le sel. Il a certainement des vices très-graves ; il frappe principalement sur les habitans des campagnes ; il quadruple la valeur première du sel ; il est nuisible à l'agriculture, en restreignant l'usage que les villageois en feroient pour eux-mêmes et pour leurs bestiaux. Mais il est bien moins vexatoire que ne l'étoit l'ancien impôt de la gabelle ; il ne donne lieu à des visites et à des recherches, de la part des employés, que dans les lieux où s'en fait la récolte. Il est d'une perception facile et peu coûteuse ; enfin, sa réduction à trois sous par livre, ne laissant que peu de profits à faire aux fraudeurs, a presque anéanti la contre-bande.

Si le droit sur le sel n'existoit pas, il ne faudroit pas l'établir, à cause des inconvéniens graves qu'on vient d'énoncer, et parce qu'il enlève annuellement à chaque famille de cultivateurs et d'ouvriers neuf à dix francs, qu'ils prennent sur leur nécessaire. Mais cet impôt existe depuis plusieurs années; les classes inférieures y sont accoutumées; il n'a point excité de murmures; il continuera à être payé sans réclamation. On peut le regarder, non comme une augmentation à l'impôt foncier, mais comme une addition à la contribution mobilière, puisqu'il atteint principalement ceux qui n'ont aucune propriété. Il peut donc subsister; mais il seroit désirable que le gouvernement prît l'engagement de ne jamais l'augmenter, même en temps de guerre. Cette résolution seroit d'autant plus raisonnable, que l'impôt du sel étant principalement supporté par les pauvres, ce n'est pas à ceux qui n'ont rien à payer les frais de la guerre. Ils ne peuvent contribuer à la défense du pays que de leur personne.

Cet impôt sera vraisemblablement plus productif pour le trésor public que le ministre ne l'a annoncé. Il n'en a évalué le montant net qu'à 30,000,000 fr.; mais il est connu qu'en 1810, lorsque le droit n'étoit que de 2 sous, le produit net a excédé 43,000,000 fr., dont il faut déduire 10,000,000, parce que la France avoit alors vingt-huit départemens de plus. Il en resteroit trente-trois pour les quatre-vingt-sept dont elle est à présent composée; mais il faudroit y ajouter le produit de 1 sou par livre de plus, qui seroit de 16,000,000 fr. environ. Le produit total brut seroit ainsi de quarante-neuf millions.

Ce calcul est confirmé par l'observation suivante. On sait qu'avant 1789, la consommation des provinces de grandes gabelles, où le prix du sel étoit à 13 sous, n'étoit que de neuf livres par tête, tandis que dans les provinces où le prix étoit de 2 à 4 sous, la consommation étoit de quinze à dix-huit livres par individu. On peut donc espérer qu'elle sera généralement en France de douze à treize livres. En la portant à douze livres seulement, et en supposant la population de vingt-six millions, le produit brut, à raison de 1 fr. 80 cent. par individu, seroit de 46,800,000 f. Si on en retranche 4,080,000 fr. pour les frais, à raison de dix pour cent, il resteroit encore plus de 42,700,000 fr. Ces deux calculs s'appuient l'un par l'autre. On peut donc croire que le produit net de l'impôt du sel sera de 42,000,000 fr. au moins dans les années ordinaires.

Cette somme n'est pas la seule charge que l'impôt du sel fasse supporter aux contribuables. Le sel qui, aux salines ne vaut que 1 ou 2 cent. la livre, augmenté par le droit de 15 cent., passe par les mains de divers agens, commissionnaires, marchands en gros, débitans, qui font l'avance du montant cumulé du prix du sel et des droits,

et qui tous prennent sur leurs avances des bénéfices qu'on ne peut évaluer à moins de vingt pour
cent.

Il faut donc ajouter aux 46,800,000 fr. ci-
dessus, 9,360,000 fr. pour les bénéfices des marchands : en sorte que pour fournir au trésor public environ 42,000,000, il en coûte plus de 56
aux contribuables.

La même remarque s'applique à tous les impôts
indirects, et elle prouve combien ces sortes d'impôts sont plus onéreux aux peuples que les impôts
directs.

CHAPITRE XIII.

Des Droits sur les boissons.

—

IL est à croire que le gouvernement impérial n'a
eu recours aux droits sur les boissons que parce
qu'ils existoient avant la révolution : il ne s'est pas
souvenu qu'il en avoit été une des principales
causes. Il s'est cru assez fort pour braver toutes
les plaintes, et pour étouffer les murmures et
même les révoltes qu'ils pourroient occasionner.
Nous avons vu cependant qu'en 1814, long-temps
avant l'entrée des ennemis en Hollande, dans les

départemens du Rhin et de la Belgique, ces droits et ceux des douanes y avoient produit un soulèvement général ; que le peuple avoit partout maltraité et chassé les employés, et qu'il avoit reçu les ennemis comme des libérateurs.

Des mouvemens moins violens ont eu lieu dans plusieurs anciens départemens ; mais on ne peut se dissimuler que ces droits sont odieux par toute la France.

Ils réunissent tous les vices qu'on reproche aux impôts indirects les plus oppressifs. On a démontré, dans la première partie de cet ouvrage, qu'ils étoient un double impôt foncier déguisé, qu'ils étoient décourageans pour la culture de la vigne, et préjudiciables à toutes les industries.

La suppression du droit de mouvement et des exercices retranche de cet impôt deux de ses vices principaux ; mais la conversion des exercices en abonnemens est loin d'être exempte d'inconvéniens. Elle transforme un droit indirect sur les boissons en un impôt direct sur les vendeurs, dont l'assiette n'a aucune base fixe, et elle fait supporter au peuple une charge qui, avec les frais et accessoires, lui coûtera près de 100,000,000 fr. pour en fournir moins de 60 au trésor royal (1). Il est donc désirable, pour l'intérêt des campagnes

____

(1) Le tableau suivant fera connoître les charges qui pèsent sur le peuple pour fournir au trésor public un produit

2.   8

et des villes, que cet impôt soit totalement supprimé le plus tôt qu'il sera possible.

---

net de 122,000,000 fr., provenant des trois impôts indirects,
dont le produit brut est le plus considérable.

PRODUIT NET présumé pour le Trésor public.	FRAIS de perception.	TOTAL.	BÉNÉFICE des divers Agens du Commerce.	TOTAL GÉNÉRAL
Sel. . . . 42,000,000 À 10 p. °/₀.	4,200,000	46,200,000 À 20 p. °/₀.	9,240,000	55,440,000
Boissons. 60,000,000 —15. . . .	9,000,000	69,000,000 ——40 *. . .	27,600,000	96,600,000
Douanes. 20,000,000 { Égaux au produit. }	20,000,000	40,000,000 —20. . . .	8,000,000	48,000,000
122,000,000	33,200,000	155,200,000	44,840,000	200,040,000

Si ces trois impôts étoient directs, leur perception, qui
ne coûteroit que 6 p. °/₀ environ, n'augmenteroit la
charge des peuples que de 7,300,000 fr. : le total seroit de
129,300,000 fr., au lieu de 200,040,000 fr. qu'ils payent.

S'ils étoient convertis en impôts directs, les habitans des
campagnes, qui forment les quatre cinquièmes de la population du royaume, ne paieroient, pour les quatre cinquièmes, que 104,000,000 fr., au lieu de 160 qu'ils suppor-
tent : le bénéfice seroit pour eux de 56. Les cultivateurs et
les propriétaires auroient donc un intérêt réel que ces trois
impôts indirects fussent convertis en contributions directes.

Les habitans des villes auroient le même intérêt, puisqu'ils n'auroient à payer en contributions directes que
26,000,000 fr., au lieu de 40 qu'ils payent aujourd'hui pour
leur part du cinquième de ces trois impôts.

On voit que le droit sur le sel est celui qui est le moins
chargé de frais et de bénéfices pour les agens du commerce.
C'est aussi celui des trois qui est le moins onéreux au peuple,
et dont la suppression peut être ajournée le plus justement.

* J'ai précédemment expliqué les causes des bénéfices excessifs
des marchands sur le commerce des vins.

CHAPITRE XIV.

Des Droits d'entrée des villes.

—

Lɛs droits d'entrée aux portes des villes ont été rétablis par le Directoire. Ils portent sur divers produits du sol, tels que les bois, les fourrages, les bestiaux, et principalement sur les boissons, dont la consommation, étant de première nécessité, assure des produits plus importans. Leur rétablissement fut motivé par l'obligation de pourvoir aux besoins des hôpitaux, dont les biens avoient été vendus, et pour cette raison on leur donna le nom d'octrois de bienfaisance. Cet impôt avoit pour but réel d'atteindre l'industrie des villes; mais comme il diminue certainement la consommation des denrées qui y sont assujéties, il est évident que la plus grande partie du fardeau retombe sur les campagnes.

Dans les premiers temps, pour éviter les murmures, tous les droits furent modérés; mais les augmentations furent progressives et très-promptes. A Paris, les droits d'entrée ne furent d'abord que de 6 fr. par hectolitre de vin, et ils ont été portés successivement jusqu'à 25.

Les droits d'entrée ont plusieurs des vices reprochés aux impôts les plus oppressifs. Ils frappent principalement sur les classes inférieures, auxquelles ils imposent des privations pénibles. Le consommateur est tenu de payer, outre le montant du droit et des frais, celui des bénéfices faits par les vendeurs sur les avances qu'ils ont faites : en sorte que si le produit des droits sur les boissons est à Paris de 15,000,000 fr., et les frais de 2, ensemble 17, il est probable que les vendeurs y ajoutent 6 à 7,000,000 fr. pour leurs bénéfices. Ainsi, pour procurer à la ville de Paris un revenu de 15,000,000 fr., il en coûte environ 24,000,000 fr. à ses habitans. Le même calcul doit se faire pour les droits d'entrée payés par toutes les autres villes de France.

Cet impôt a encore d'autres vices qui lui sont particuliers. Il assujétit les citoyens à des déclarations et à des déplacemens; il les expose à la visite des personnes et des voitures, à des saisies, des confiscations, des poursuites et des amendes. Il entrave le commerce des boissons ; il force les marchands à avoir des magasins au-dehors des villes et loin de leur domicile, ou à mettre leurs boissons en entrepôt, sous la clef et la surveillance des employés; ce qui, en multipliant leurs frais, augmente le poids de l'impôt.

On se plaignoit autrefois de la multitude des barrières qui existoient aux frontières de plusieurs provinces, réunies les dernières à la couronne.

Aujourd'hui la France entière est couverte de barrières aux portes de toutes les villes.

Les droits d'entrée sur les boissons à Paris sont excessifs; ils surpassent, dans les années ordinaires, leur prix naturel. On ne peut pas douter qu'ils n'en diminuent considérablement la consommation, et conséquemment la production. Ces droits donnoient lieu à une fraude si forte, principalement sur les eaux-de-vie, que, pour la réprimer, on n'a trouvé d'autre moyen que d'interdire les entrepôts dans la circonférence de six lieues. Jusqu'à quel degré la fiscalité est-elle forcée d'étendre ses rigueurs !

On dit que les revenus des villes en France sont de 80,000,000 fr., dont 36 en biens-fonds et redevances, et 44 en octrois ou droits d'entrée. On ne peut pas douter qu'il n'y ait de grandes économies à faire sur les dépenses des villes, et particulièrement sur celles de Paris. On y suivoit, pour les prodigalités dans les fêtes publiques, pour les dépenses des constructions trop multipliées et trop fastueuses des monumens et édifices publics, l'impulsion et les ordres donnés par le gouvernement. On peut, sans craindre de se tromper, évaluer au cinquième, ou à 16,000,000 fr. les économies à faire sur les 80, employés aux dépenses (1) des villes, qui seroient ainsi réduites à

____

(1) Ce seroit une loi bien sage que celle qui enjoindroit

64,000,000 fr. Leurs revenus en biens-fonds, redevances, etc., étant de 36,000,000 fr., il n'y en auroit que 28 à remplacer.

Ce remplacement pourroit se faire en augmentant d'un tiers l'impôt des patentes, la contribution mobilière et personnelle, et la contribution foncière sur les maisons des villes.

Le tiers sur les patentes au-
    delà de 10 fr., évalué à 15,000,000 seroit de 5
Le tiers sur la contribution
    mobilière et personnelle,
    évalué à 24   de 8
Le tiers sur la contribution
    foncière des villes, éva-
    lué à 45   de 15
                                    ——
                           Total, 28

Les contribuables y gagneroient toute la différence des frais de perception et des accessoires en bénéfices qu'ils payent aux vendeurs de boissons.

Il n'y a pas un seul habitant des villes qui,

à la ville de Paris, et à toutes les villes de France au-dessus de deux mille âmes, de faire imprimer, chaque année, le compte de leurs recettes et de leurs dépenses: cette institution salutaire préviendroit une foule d'abus et de dilapidations. Les hommes en place et les corporations ne remplissent jamais mieux leurs devoirs que lorsqu'ils sont soumis à la censure publique.

après avoir comparé cette nouvelle charge avec les droits d'entrée qu'il payoit sur les boissons, les bois, les fourrages, la viande, les matériaux, et autres objets ; après avoir comparé encore les désagrémens des entraves et des visites qu'il éprouvoit aux barrières, avec la franchise absolue dont il jouiroit, ne trouvât cette conversion très-avantageuse.

CHAPITRE XV.

Du Timbre.

—

L'impôt du timbre frappe principalement sur l'industrie et sur le commerce des villes. Il est établi sur les lettres de change et billets à ordre, sur les quittances, sur les registres de commerce, sur tous les papiers destinés aux transactions sous signature privée, aux actes notariés, aux procédures et autres actes qui émanent des tribunaux. Le timbre impose quelques contraintes aux contribuables ; il ne leur est pas toujours libre de ne pas s'en servir. Les actes sous signature privée, et les livres de commerce, ne peuvent être produits en justice sans être timbrés. Si ces gênes n'existoient pas, les papiers timbrés seroient bien moins employés, et l'impôt seroit éludé. Au reste, sa perception est peu coûteuse, elle n'entraîne ni visites domiciliaires, ni vexations, ni murmures : il seroit à désirer que tous les impôts indirects fussent combinés avec la même attention, pour ne pas être plus à charge aux contribuables. Cependant le produit net du timbre, qui est d'environ dix-huit millions, est une ressource assez importante pour le trésor public. On sait que les commerçans et les gens d'affaires qui en font l'avance, s'en remboursent sur leurs acheteurs et sur leurs cliens.

CHAPITRE XVI.

Des Patentes.

L'IMPÔT des patentes, dont le produit est estimé seize millions, pèse aussi principalement sur l'industrie des villes. On a déjà observé que, quoiqu'il soit bien plus productif pour le gouvernement que les maîtrises, il est moins oppressif pour le commerce, et moins nuisible aux intérêts des consommateurs. Les patentes sont proportionnées aux facultés et aux emplacemens occupés par les commerçans. Le paiement n'en étant

exigé que par mois ou par trimestre, se fait non
sur leurs capitaux, mais sur leurs bénéfices. L'impôt ainsi combiné n'empêche pas les petits marchands de former des établissemens proportionnés à leurs moyens, et il laisse subsister, en faveur des acheteurs, toute la latitude désirable
pour la concurrence. Il y a lieu de croire que
jamais les maîtrises ne seront rétablies, mais les
cautionnemens qui existent déjà pour les bouchers,
s'ils étoient adoptés pour les autres commerces,
auroient, pour les consommateurs, le même inconvénient que les maîtrises, celui de restreindre le
nombre des vendeurs. Ils deviendroient, pour
ceux qui seroient assez fortunés pour les payer,
un privilége exclusif et un monopole réel. D'ailleurs, cette ressource fiscale ne seroit que momentanée, tandis que les patentes assurent au
trésor un revenu annuel.

CHAPITRE XVII.

Des Loteries.

—

Aucun impôt ne réunit plus de vices et ne mérite
plus l'animadversion publique que celui des loteries. Il produit, année commune, environ huit

millions (1); mais il coûte des larmes de sang à une multitude de familles, qu'il réduit chaque jour au désespoir.

La loterie est principalement alimentée par les petits marchands, par les ouvriers, les artisans, les domestiques, et par les individus des deux sexes dont l'existence est la plus précaire, dont la fortune est incertaine ou déjà délabrée. Soixante millions plus ou moins sont portés annuellement dans ce gouffre de douleurs; quarante-quatre à quarante-six millions sont distribués en primes et en lots à ceux que la fortune a momentanément favorisés et qui le plus souvent courent hasarder de nouveau leurs gains à ce jeu trompeur, où le joueur a dix-sept chances contre lui, pour une seule en sa faveur: le gouvernement et les employés de la loterie partagent le reste des soixante millions.

Si le peuple ne consacroit pas cette somme énorme à un si triste usage, il l'emploieroit en consommations de tous genres, qui augmenteroient son bien-être; au lieu de passer son temps, dans l'oisiveté, à calculer les chances de la loterie, il chercheroit à créer de nouveaux produits industriels, et à accroître son aisance par un tra-

____

(1) La loterie, loin de donner en 1814 aucun produit net au gouvernement, lui a été très-onéreuse; la dépense a surpassé la recette de près de 600,000 fr.

vail uniforme et constant. S'il étoit possible de calculer la somme des denrées et des marchandises en tous genres dont les loteries ont empêché la production et la consommation ; si on pouvoit avoir sous les yeux le tableau des désordres et des malheurs qu'elles ont causés, on seroit effrayé de voir combien les huit millions qui en reviennent au trésor coûtent de sacrifices au peuple.

La loterie, en séduisant les artisans et les ouvriers par l'appât d'un gain imaginaire, leur ôte l'ardeur et l'émulation qui leur sont nécessaires pour exceller dans toutes les professions. En les berçant par l'espoir d'une fortune rapide et facile, elle les dégoûte du travail ; elle les rend paresseux, indociles, sans application à leurs devoirs ; les domestiques deviennent infidèles envers leurs maîtres ; les ouvriers n'attendent plus leur bien-être de leur assiduité à leurs occupations diverses, mais du jeu ruineux qui les dévore. Lorsque leurs moyens sont épuisés, ils ont recours à la fraude, au vol, au libertinage. On les signale les premiers dans les rassemblemens et dans les émeutes ; ils finissent presque tous par devenir brouillons, escrocs, voleurs ou mendians. Cette funeste passion prépare les hommes à se rendre coupables de tous les crimes : elle en a conduit un grand nombre aux galères ou à l'échafaud.

On se plaint avec raison que certaines classes du peuple, dans les grandes villes, n'ont plus de frein, qu'elles n'ont ni morale ni religion : la loterie n'y a pas peu contribué. Si on la laisse subsister, elle achèvera de les démoraliser et de leur faire oublier tous leurs devoirs.

On dit que la loterie est un impôt volontaire, et que personne n'est forcé d'y porter son argent : mais est-il vrai que l'homme du peuple, tourmenté par le besoin et par la misère, à qui l'on présente l'appât d'un gain qui doit immédiatement changer son sort, soit libre dans ses volontés, et qu'il puisse résister à la séduction, à l'espoir trompeur de sortir promptement de la détresse dont il est accablé ? Non, assurément. La tentation est trop forte pour qu'il y résiste.

On fait encore, contre la suppression de la loterie, l'objection bannale que les joueurs habituels feroient passer leurs fonds dans les loteries étrangères ; mais on ne fait pas attention que la combinaison de ces loteries n'est pas la même qu'en France. Les habitans de Paris et ceux des villes voisines sont ceux qui y font les plus fortes mises, parce qu'ils peuvent eux-mêmes en suivre toutes les chances, qu'ils connoissent ; ce qu'ils ne pourroient faire pour les loteries étrangères, qui sont éloignées d'eux de cent ou cent cinquante lieues. Ils ne seront donc nullement disposés à s'en rendre actionnaires. Peut-on croire sérieusement que des servantes ou des ouvrières de Paris, de Lyon, de Rouen ou d'Amiens, auront l'idée d'envoyer

leur argent aux loteries d'Allemagne ou d'Angleterre ?

La loterie a été abolie en France pendant plusieurs années, et l'expérience, plus forte que les
conjectures et les raisonnemens, nous a appris
qu'on ne faisoit aucune mise de Paris et des villes
de l'intérieur dans les loteries étrangères, et que
celles qui se faisoient par un petit nombre d'individus des villes frontières n'étoient d'aucune conséquence.

On objecte enfin que cette suppression donnera lieu à l'établissement d'un grand nombre de
loteries particulières. Cela est possible, déjà il
en existe qui sont plus ou moins soupçonnées
de fraude ; et comme celles qui s'établiront n'en
seront pas plus exemptes, elles n'auront la confiance que d'un petit nombre de dupes, qui se las-
seront bientôt d'y porter leur argent. Ce genre
de délit est d'ailleurs un de ceux dont la surveillance et la répression sont les plus faciles, parce
qu'il nécessite l'emploi d'un grand nombre d'agens,
et qu'il fait beaucoup de mécontens. Les entrepreneurs de ces loteries clandestines ne tarderoient
pas à être découverts par la police, traduits en
justice, et condamnés à des amendes légales ; ils
dégoûteroient du métier ceux qui seroient tentés
de suivre cette carrière dangereuse.

Aucun motif raisonnable ne peut donc s'opposer
à la suppression des loteries, qui peut avoir lieu

aussitôt après la conclusion de la paix. Dieu veuille inspirer au pouvoir législatif la ferme volonté de guérir cette plaie honteuse, et d'en délivrer la France pour toujours !

CHAPITRE XVIII.

De l'Impôt sur les diligences et voitures publiques.

—

L'ÉTABLISSEMENT des diligences et des voitures publiques a déjà été, dans le chapitre relatif aux priviléges exclusifs, considéré dans ses rapports avec l'industrie et le commerce. Je me suis efforcé de faire connoître combien la libre concurrence, laissée aux entrepreneurs , avoit été avantageuse au public pour le bon marché et l'amélioration du service; elle n'a pas été moins utile au gouvernement sous le rapport de l'impôt, puisqu'au lieu d'un million de fermage mal payé, il en reçoit plus de deux pour le dixième du prix des places et des paquets. Le produit brut de ces entreprises, qui est de vingt millions au moins pour les divers entrepreneurs, est supérieur de plus de moitié au produit ancien: cette progression est due uniquement à la concurrence illimitée.

Ces établissemens si intéressans méritent donc, sous tous les points de vue, la protection du gou-

vernement. Les entrepreneurs qui seroient disposés à former de nouveaux établissemens doivent surtout être encouragés; plus il y aura de
concurrens , et plus il y aura entre eux d'émulation pour perfectionner leurs entreprises, et
pour rendre les voitures plus commodes et plus
agréables au public.

Deux règlemens faits par le gouvernement impérial contribuent à les décourager.

L'un est la forme nécessairement inquisitoriale
de la perception de l'impôt, qui autorise les visites
et les vérifications sur les registres. Il seroit à
désirer qu'il fût passé avec tous les entrepreneurs
des marchés d'abonnemens, basés sur les produits
communs de plusieurs années, qui serviroient
aussi pour régler ceux des nouvelles entreprises.
Il n'y auroit pas un seul entrepreneur de diligences qui ne préférât le mode d'abonnement,
lors même qu'il excéderoit le montant du droit.

L'autre règlement est plus décourageant encore
et d'une injustice criante : c'est celui dont on a
déja parlé, et qui impose aux entrepreneurs des
diligences l'obligation de payer aux maîtres de
poste des routes où elles passent, une indemnité
pour les chevaux dont ils ne se servent pas : cette
obligation est tellement injuste, qu'il est impossible
qu'on la laisse subsister.

CHAPITRE XIX.

De l'Impôt sur les cartes à jouer.

Aucun impôt n'est plus populaire que celui qui est établi sur les cartes à jouer : c'est un tribut volontaire levé sur les loisirs et sur les jouissances du riche ; il ne lui manque que deux conditions essentielles, celle de produire un revenu considérable, et celle d'une perception facile. Cet impôt rapporte à peine 3 à 400,000 fr. , et il exige des visites et des perquisitions non-seulement chez les fabricans, mais encore chez tous les vendeurs de cartes, qui, en cas de contravention, sont exposés à des saisies, à des poursuites, à des condamnations et à des améndes. Les contrefaçons et les fraudes sont d'ailleurs assez difficiles à empêcher, et elles ne peuvent qu'affoiblir de plus en plus les produits du droit.

Si donc le fisc ne veut pas renoncer à ce chétif revenu, il semble que le mode d'abonnement pourroit être adopté pour les fabricans des cartes à jouer, comme il l'a été pour les marchands de boissons. Le mode des exercices, des visites domiciliaires et des perquisitions, est également fâcheux et désagréable pour tous les commerçans.

S'il a été reconnu vicieux pour les uns, il doit l'être aussi pour les autres, et sa conversion en abonnemens pour les fabricans de cartes ne peut être refusée.

CHAPITRE XX.

De l'Impôt des passe-ports.

—

Les passe-ports pour les voyages dans l'étranger seulement existoient avant 1789 ; ils n'étoient pas nécessaires pour les voyages dans l'intérieur.

Depuis la révolution, et surtout pendant le règne de la terreur, on imagina d'en imposer l'obligation, même pour l'intérieur.

Le prétexte de cette mesure étoit de mettre les voyageurs, pendant leur route, à l'abri de toute vexation et de toute violence. Le but réel étoit de connoître la résidence de ceux que l'on regardoit comme suspects, ou même de les faire arrêter lorsqu'ils se présenteroient pour demander des passe-ports.

L'usage des passe-ports a continué sous les divers gouvernemens qui se sont succédé : le gouvernement impérial les conserva. La fiscalité, qui tire parti de tout, en a fait une spéculation finan-

2.

cière : les passe-ports furent taxés à 2 fr., et cet impôt, y compris le droit de port d'armes, pro-duit, dit-on, plus d'un million.

Il est raisonnable de laisser subsister les passe-ports pour les voyages à l'étranger. Un Français qui se présente à la frontière d'une nation amie, ou ennemie, a besoin, pour être admis à traver-ser le pays, ou à y séjourner, de se faire con-noître. Le passe-port de son gouvernement, dont il est porteur, est sa sauvegarde ; il sert à lui as-surer la bienveillance des magistrats dans les pays où ses affaires l'appellent, et il l'autorise à réclamer la protection des ministres de son sou-verain qui y sont accrédités.

Les passe-ports pour les voyages dans l'inté-rieur n'ont aucun motif fondé en raison. On peut dire même qu'ils n'ont jamais rempli qu'imparfai-tement le but que se proposoient les précédens gouvernemens. On sait qu'une multitude de per-sonnes, même sous la Convention, parvenoient, à force d'argent, soit à se procurer des passe-ports, soit à sortir de Paris et à y rentrer même sans passe-port : il en sera de même, dans tous les temps, pour les mesures que l'opinion pu-blique réprouve. On a observé que les artisans, les ouvriers, les hommes sans état et sans fortune, dont on auroit dû le plus se méfier, n'en deman-doient pas, et voyageoient sans passe-port sous le règne de la Convention et long-temps après. Mais lorsque les conscriptions furent portées à cinquante, soixante et cent mille hommes annuellement, la mesure des passe-ports devint plus rigoureuse. Pendant les dernières années du gouvernement impérial, l'occupation principale de la gendarmerie dans les départemens étoit la recherche des conscrits réfractaires et des déserteurs, et c'étoit pour les atteindre qu'on recommandoit si fortement d'exiger des passe-ports.

Cette mesure d'inquisition, employée sous des gouvernemens ombrageux, qui se rendoient chaque jour coupables de nouvelles vexations, doit être proscrite sous un gouvernement constitutionnel.

Non-seulement les passe-ports sont un objet de dépense ; ils sont encore gênans pour tout le monde, et particulièrement pour les commerçans, qui sont, plus que les autres citoyens, obligés de faire de fréquens voyages. Ils leur occasionnent, pour les obtenir et pour les faire viser, des démarches désagréables et une perte de temps considérable.

Un Français ne peut pas être traité comme étranger dans son propre pays ; il a incontestablement le droit d'aller et de venir par tout le royaume pour ses affaires, sa santé, ou ses plaisirs, sans être assujéti à une formalité humiliante et gênante, seulement pour les classes aisées ; car les individus des classes inférieures, qui devroient

être les plus surveillés, sauront toujours s'en passer. On remarque un homme bien vêtu, qui sort
d'une chaise de poste ou d'une diligence; on ne
fait aucune attention à un homme du peuple qui
traverse une commune de ville ou de campagne
en habit d'ouvrier ou de villageois.

Il seroit possible de remplacer les passe-ports
par un diplôme qui seroit accordé à tous les citoyens français ayant les qualités requises par la
loi. Ces diplômes leur serviroient de passe-ports
pour leurs voyages dans l'intérieur de la France.

Les journaliers et les ouvriers des villes et des
campagnes, qui ne sont pas admis à jouir des
droits de citoyens français, recevroient des cartes
de sûreté et des livrets, qui leur tiendroient lieu
de diplômes dans leurs voyages.

Le droit pour les permis de port d'armes étoit
regardé comme une dépendance de l'impôt des
passe-ports; il exigeoit aussi des formalités et des
déplacemens : il étoit fixé à 36 fr. par personne.

Il est sage de n'accorder le droit de port d'armes qu'à ceux qui peuvent le moins en abuser,
c'est-à-dire aux principaux propriétaires, ou à
ceux qui sont sous leur responsabilité immédiate.
Mais il n'est nullement nécessaire de leur faire
payer cette permission, et d'ajouter cette charge
à toutes celles dont ils sont déjà grevés.

Les principaux propriétaires de chaque canton
y sont parfaitement connus, ils le sont même

ordinairement des préfets, et mieux encore des sous-préfets : il seroit donc très-facile d'en faire former des listes, et d'ordonner qu'il ne soit accordé de permis de ports d'armes qu'à ceux qui y seront compris.

Le droit de port d'armes est très-différent de celui d'avoir des armes dans sa maison pour sa sûreté et pour sa défense. Ce dernier est un droit naturel dont tous les citoyens, et surtout les villageois, semblent être autorisés à jouir, afin de pouvoir se défendre contre les attaques des voleurs, des vagabonds et des mendians, ou même contre les loups et les chiens enragés, qui sont communs dans les campagnes. Ce dernier droit ne peut être raisonnablement refusé qu'aux braconniers de profession, aux mendians habituels, aux hommes notés par leur mauvaise conduite, à ceux qui auroient été flétris ou repris de justice. La loi qui leur interdiroit de garder des armes chez eux, et qui enjoindroit à la gendarmerie de faire de fréquentes visites dans leurs maisons pour enlever celles qui y seroient trouvées en contravention, seroit généralement approuvée.

CHAPITRE XXI.

Droits de navigation, de bacs et de bateaux, du passage des ponts, de canaux et de pêche.

—

Le produit de ces droits divers est évalué à six millions. Ils sont tous d'autant plus justes, qu'ils sont le prix de services importans rendus au public en général, et aux commerçans en particulier.

La grande utilité des canaux a été souvent démontrée. Ils remédient à la lenteur de la navigation sur les rivières; ils ouvrent des communications dans les provinces qui en étoient dépourvues; ils diminuent les frais de transport pour les marchandises pesantes et de peu de valeur; ils fertilisent les pays qu'ils traversent; ils facilitent le débouché et la vente de leurs denrées; ils augmentent dans ces pays la valeur des propriétés.

Le commerce ne peut que former un vœu, qui est celui de toute la France, c'est que les canaux déjà commencés ou projetés, dont l'utilité sera reconnue, soient continués.

—

CHAPITRE XXII.

De la Poste aux lettres, des Poudres et Salpêtres, des Monnoies.

—

Ces trois entreprises sont exclusivement dans la main du gouvernement. Les sommes qu'elles versent au trésor public sont moins un tribut que le prix de services très-utiles à toutes les classes de la société, services qu'aucun établissement particulier ne pourroit rendre avec la même ponctualité, la même sécurité, ni les mêmes avantages pour tous les intéressés.

Ici le monopole est, par exception, nécessaire pour l'utilité des administrés, qui ne pourroient jamais avoir la même confiance dans des entreprises de même genre dirigées par des particuliers.

Poste aux lettres.

L'établissement de la poste aux lettres a été un grand bienfait pour les peuples. Il a aidé puissamment l'imprimerie à répandre les lumières et les connoissances humaines dans toutes les parties du monde. Toutes les industries et tous les commerces en reçoivent d'immenses avantages. Il abrége et facilite la correspondance et les communications d'un bout de l'Europe à l'autre. C'est un lien qui, au milieu des révolutions et des guerres, semble resserrer encore davantage les rapports et les relations d'intérêt, de confiance et d'amitié qui unissent entre eux les négocians de toutes les nations, heureux de ne jamais partager les passions et les erreurs de leurs gouvernemens.

La poste aux lettres est pour le commerce une machine dont l'utilité peut être comparée aux mécaniques des manufactures, dont elles abrégent, simplifient et perfectionnent les travaux. Ses services peuvent être assimilés à ceux des diligences.

Le prix des ports de lettres a été haussé d'environ un tiers depuis quelques années. Ces augmentations doivent être faites avec une grande circonspection ; car, si elles deviennent trop fortes, on écrira moins, ou on chargera les voyageurs de sa correspondance ; et le trésor public s'apercevra, à la fin de l'année, que le produit net, au lieu d'avoir augmenté, aura diminué.

Il est un autre moyen de rendre la poste aux lettres plus productive, c'est de restreindre les franchises, dont on abuse à l'excès.

On pourroit aussi diminuer les frais du transport des malles, en chargeant de ce service, comme en Angleterre, certaines diligences plus légères, qui marcheroient jour et nuit, ne seroient encombrées d'aucun ballot, ni caisse de commerce, et ne pourroient porter que les paquets des voyageurs.

Poudres et Salpêtres.

La fabrication des poudres et salpêtres est si dangereuse, les accidens qu'elle occasionne sont si fréquens, ils ont des effets si terribles, qu'il est nécessaire de l'interdire à tous les particuliers, et de la réserver au gouvernement seul. Cette raison est décisive, et elle dispense d'en chercher aucune autre.

Monnoies.

L'administration des monnoies a depuis quinze ans donné une attention particulière à perfectionner leur fabrication. C'est une vue bien sage que celle de diminuer l'alliage des monnoies, et de réduire au plus bas les frais de fabrication. Les monnoies les plus parfaites et au meilleur titre seront toujours celles qui seront préférées dans l'étranger, et qui obtiendront en échange une plus grande valeur de marchandises. Les monnoies décriées inspirent de la défiance à tout le monde. Nationaux et étrangers, tous s'accordent pour les recevoir avec répugnance, et, autant qu'ils le peuvent, ils emploient tout autre moyen d'échange.

On évalue le revenu net des postes de 10 à 12,000,000 fr. ;

Celui des poudres et salpêtres de 3 a 400,000 fr.
Celui des monnoies est nul.

La retenue de 3 fr. par kilogramme d'argent,
et de 9 fr. par kilogramme d'or, est à peine suffisante pour couvrir les frais de fabrication.

CHAPITRE XXIII.

Impôts particuliers à la ville de Paris.

—

Outre les impôts dont on vient de parler, qui sont supportés par tous les Français, il en est de particuliers à la ville de Paris, tels que ceux sur les bestiaux vendus aux marchés de Sceaux et de Poissy, sur le poisson de mer et sur le poisson d'eau douce, qui augmentent les charges et les privations de ses habitans.

Ces impôts ont plusieurs vices très-graves.

1°. Ils sont illégaux, en ce qu'ils ne sont perçus qu'en vertu d'un simple décret.

2°. Ils ne sont le prix d'aucun service quelconque. Le droit sur les bestiaux vendus à Sceaux et à Poissy, loin de faciliter les transactions entre les vendeurs et les acheteurs, est embarrassant, nuisible et dispendieux pour les uns comme pour les autres. L'intervention du fisc sera toujours redoutée par le commerce. Ici, son résultat est d'augmenter très-inutilement le prix de la viande pour les habitans de Paris.

L'impôt sur le poisson de mer tend à décourager la pêche, qui est presque le seul moyen qui nous reste de former des matelots.

Celui qui est établi sur le poisson d'eau douce tend à en diminuer la consommation, et il retombe par cette raison sur les propriétaires des étangs empoissonnés.

3°. Ces droits sont injustes, en ce qu'ils ont été établis pour la ville de Paris seule, et que la loi, d'accord avec la raison, veut que toutes les impositions, toutes les charges soient uniformes, et les mêmes pour tous les habitans du royaume. Si on s'écarte aujourd'hui de ce principe pour la ville de Paris, on s'en écartera demain pour Lyon, Bordeaux, Marseille, etc., et bientôt on verra reparoître la confusion et les variations dans la législation et la répartition des impôts, qui, avant 1789, causoient tant d'embarras au gouvernement.

Le prétexte ordinaire de la nécessité de pourvoir aux dépenses publiques ne peut pas arrêter le pouvoir législatif pour supprimer des impôts illégaux et injustes. Les gouvernemens, les villes et les particuliers ont un devoir à remplir, aussi impérieux pour les uns que pour les autres : c'est de proportionner toujours leurs dépenses à leurs recettes.

Je me suis efforcé de faire connoître les causes principales qui ont une influence directe et générale sur le commerce intérieur. Il en est plusieurs autres dont l'action sur l'industrie, quoique moins directe, est aussi d'une grande importance. Elles seront le sujet des chapitres suivans.

CHAPITRE XXIV.

De l'Intérêt sur les prêts d'argent.

—

Cette matière a été traitée et développée avec beaucoup d'habileté par le ministre des finances, et par plusieurs membres de la Chambre des députés dans la session de 1814. Ils ont démontré que les conditions et le terme du remboursement, la probité et la solvabilité du débiteur, et le cours connu de l'escompte, étoient les seules bases sur lesquelles les parties intéressées pouvoient fixer la limite du taux de l'intérêt.

L'argent est non-seulement une mesure d'échange sur laquelle se règlent les prix de toutes les marchandises, c'est encore une matière d'échange, une véritable marchandise d'autant plus précieuse, que sa valeur est certaine et bien connue ; qu'elle peut être facilement et à peu de frais transportée au loin ; qu'elle est généralement recherchée; qu'elle peut être au besoin divisée presque à l'infini; qu'elle peut toujours être échangée contre toute espèce de marchandises et contre toutes les choses vénales, qui, sans son secours, ne pourroient que très-difficilement s'échanger entre elles.

Les profits des marchands d'argent, appelés ordinairement capitalistes, peuvent donc être assimilés à ceux des autres commerçans.

Les bénéfices ou profits que les commerçans font sur leurs marchandises se composent de plusieurs élémens. Ils y comprennent les avances des fonds qu'ils ont déboursés pour l'achat des marchandises, pour les impôts, pour leurs loyers, leurs frais et dépenses de toutes espèces;

De plus, les retards de paiement sur les crédits qu'ils accordent aux acheteurs;

Les risques qu'ils courent, soit sur les marchandises sujettes à couler, à se gâter, ou à se détériorer, soit sur la solvabilité des débiteurs;

Enfin, une indemnité suffisante pour leurs soins et pour l'emploi du temps qu'ils consacrent à leur profession.

Ces bénéfices sont, suivant le genre de commerce, de dix, quinze, vingt pour cent, et même au-delà, principalement sur les marchandises sujettes à varier de mode, mais ordinairement de dix pour cent.

On a taxé autrefois certaines denrées, le pain,

la viande, etc. On vouloit par là limiter les bénéfices des vendeurs. La Convention a été plus
loin encore; elle a osé taxer toutes les marchandises, mais elle n'a réussi qu'à porter le trouble,
la confusion, les désordres dans toutes les branches
d'industrie, ou plutôt à organiser le vol et un
brigandage légal contre tous les commerçans.

Les élémens qui composent les profits des marchands d'argent sont à peu près les mêmes que
pour les autres commerces.

Ils se règlent sur les circonstances politiques,
sur les temps de paix ou de guerre, de troubles,
ou de tranquillité intérieure;

Sur la bonté des lois, la justice et la stabilité
du gouvernement;

Sur le montant plus ou moins élevé de la somme
prêtée, sur les termes plus ou moins longs du
remboursement;

Sur la profession de l'emprunteur;

Sur sa probité, sa conduite et sa solvabilité.

Ces élémens sont tellement différens; ils entraînent tant de modifications, que les conditions
à faire entre les intéressés ne peuvent jamais
être les mêmes.

Il n'y a pas plus de mesure fixe pour limiter
le taux de l'intérêt ou des profits de l'argent,
qu'il n'y en a pour fixer les bénéfices de tous les
commerces.

En vain le gouvernement impérial a-t-il essayé

de fixer par une loi l'intérêt de l'argent : elle n'a été observée ni dans les villes ni dans les campagnes. Elle n'a servi qu'à diminuer le nombre des prêteurs, et elle a en quelque sorte autorisé ceux qui ont continué ce trafic à un taux supérieur à la loi, à hausser leurs prétentions, et à demander un plus fort intérêt pour couvrir les nouveaux risques auxquels ils s'exposoient.

Sur les derniers temps, le gouvernement impérial, dont le crédit étoit chancelant, et pour faciliter les emprunts d'argent dont il avoit besoin, a été forcé de suspendre l'exécution de sa propre loi. Cependant, le métier de prêteur d'argent est devenu plus que jamais odieux dans les campagnes, et l'intérêt de l'argent est resté plus élevé qu'il ne l'étoit auparavant. Ainsi la loi, loin de faire aucun bien, loin d'être utile aux emprunteurs, leur a été préjudiciable, et il est à craindre que les effets ne s'en fassent sentir encore pendant long-temps.

La taxe de l'intérêt de l'argent peut être comparée dans ses résultats à la taxe des marchandises.

Si la taxe de l'intérêt est favorable aux prêteurs, elle est nuisible à l'emprunteur, pour qui elle a été faite, et ainsi il valoit mieux pour ses intérêts ne pas la faire. Si elle est utile à l'emprunteur, elle est préjudiciable au prêteur, qui sera détourné de prêter son argent; et, dans ce dernier cas, le but sera encore manqué pour l'emprunteur.

La raison et l'expérience semblent indiquer au pouvoir législatif que le véritable remède au mal est d'oublier une loi à présent suspendue, qui a toujours été mal exécutée, et de laisser subsister la liberté illimitée du taux de l'intérêt pour les transactions qui existent de fait depuis plusieurs années. Cette liberté, malgré les circonstances extraordinaires où la France s'est trouvée, et les besoins immenses d'argent que l'état et les particuliers ont éprouvés, n'a produit aucun inconvénient grave, et a plutôt contribué à rendre les prêts d'argent plus faciles et moins onéreux aux emprunteurs.

On ne peut pas douter que lorsque la France sera rendue au calme et à la tranquillité, et qu'elle jouira d'un gouvernement sage, le taux de l'intérêt ne diminue naturellement sans aucune intervention de l'autorité. Il suffiroit de statuer qu'en cas de recours aux tribunaux pour régler des intérêts qui n'auroient pas été fixés par une convention spéciale, ils ne pourroient l'être qu'à cinq pour cent.

CHAPITRE XXV.

Achats du Gouvernement.

—

Le gouvernement est, en France, le plus fort des consommateurs. Depuis quinze ans il a influé pour beaucoup sur les diverses fabrications, notamment sur celles de draps, de toiles, de cuirs et d'armes. Il n'est pas douteux que l'augmentation rapide survenue sur les draps, et qui s'est soutenue jusqu'à présent, ne soit due à la consommation immense que faisoient des armées portées successivement à six cent et à huit cent mille hommes, dont les habillemens étoient bien plus promptement usés qu'autrefois, pendant des campagnes d'hiver, où les soldats, couchés au bivouac, étoient exposés à toutes les intempéries des saisons.

Avant la révolution, l'usage étoit d'établir des administrations générales pour chacune des fournitures à faire aux armées, en pain, viande, armes, équipemens, habillemens, etc.

Cet usage a varié sous le gouvernement impérial. Il faisoit tantôt des marchés partiels et tantôt des marchés très-considérables pour des fourni-

tures générales, suivant les offres des concurrens
et les circonstances ; mais il n'a jamais su inspirer
de confiance à ses fournisseurs. On en a vu quelques-uns faire des fortunes colossales en appa-
rence, et bientôt après poursuivis et même emprisonnés, pour restituer des sommes qui leur
avoient été payées.

Les fournisseurs, soit par la méfiance constante
que l'on conservoit contre eux, soit pour prolonger le paiement des sommes qui leur étoient
dues, étoient assujétis à des formes de liquidation très-lentes, qui les exposoient à manquer
à leurs engagemens et à faire des banqueroutes
ruineuses pour eux, et dont les éclats entraî-
noient d'autres faillites parmi leurs nombreux
créanciers.

Ces tracasseries, et les désastres dont elles
étoient suivies, dégoûtoient les bonnes maisons
de commerce de se présenter pour concurrens des
fournitures à faire au gouvernement. Elles en
étoient détournées encore par les pots de vin, les
gratifications et les présens qui étoient ouvertement exigés, ou qu'il falloit faire à une multitude
d'agens et d'employés, soit en contractant, soit
lors des livraisons. On sait que cet abus avoit été
porté à un excès intolérable, et qu'il donnoit lieu
à des fraudes multipliées sur les quantités de denrées et de marchandises livrées, dont le déficit exposoit les soldats à manquer totalement, ou en par-

tie, des choses qui leur étoient le plus nécessaires. Des abus aussi horribles doivent être sévèrement réprimés.

Il seroit d'une grande importance pour l'intérêt du soldat, pour l'avantage du trésor public, et pour la sécurité des commerçans et des manufacturiers, qu'il fût établi, pour les fournitures nécessaires au gouvernement, des règles fixes et invariables.

Mais, avant de déterminer ces règles, il est utile de rappeler ici plusieurs principes de commerce, qui doivent être plus rigoureusement suivies encore pour les transactions à faire avec des administrations qui ont en main la toute-puissance, que pour celles qui se font entre particuliers, qui, en cas de lésion, peuvent invoquer la justice des tribunaux. Or, ces principes nous apprennent que pour obtenir les denrées et les marchandises en bonne qualité, et au meilleur marché possible, il faut observer les conditions suivantes :

1°. Acheter *de la première main* les denrées dans les lieux qui en produisent le plus, et les marchandises dans les manufactures qui fabriquent les meilleures et au plus bas prix.

Les profits du commerce étant de dix pour cent au moins, il est sensible que si l'on achète en seconde ou troisième main, on paye dix ou

10.

vingt pour cent de plus. Si le montant total des fournitures à faire au gouvernement est de trois cents millions, et qu'elles soient faites en seconde main, il en résultera pour le peuple une surcharge de trente millions, et de soixante si elles sont faites en troisième main ;

2°. Que, pour diminuer les frais et les risques d'avaries, il faut tirer, à prix égal, les marchandises des pays et des fabriques les plus rapprochés des consommateurs;

3°. Que, pour obtenir le plus bas prix possible, il faut multiplier le nombre des vendeurs, et diviser les fournitures de chaque espèce entre plusieurs concurrens;

4°. Qu'une trop grande entreprise étant accompagnée d'une multitude d'abus, ne permettant pas une surveillance suffisante, et étant plus exposée au gaspillage et à l'infidélité des subalternes, les entreprises partielles, qui d'ailleurs excitent l'émulation des fournisseurs, doivent toujours être préférées;

5°. Que, pour éviter les marchés frauduleux et les livraisons infidèles, il faut qu'ils soient soumis au contrôle de gens désintéressés et entourés de la confiance publique;

6°. Que les paiemens doivent être fixés à des termes très-courts, et toujours faits avec la plus exacte ponctualité.

Ces principes étant reconnus, les règles pour les fournitures à faire au gouvernement seront faciles à établir.

Elles seront toujours faites en première main, tirées des lieux les plus rapprochés des garnisons, divisées entre plusieurs fournisseurs, jamais trop considérables.

Les marchés seront contrôlés par les officiers municipaux des lieux d'où les fournitures seront expédiées; ils seront publiés dans les journaux. Les livraisons seront soumises au même contrôle des officiers municipaux lorsque cela sera possible.

Les paiemens seront faits à des termes courts, et toujours avec exactitude.

Si ces règles pouvoient être suivies rigoureusement et invariablement, sans égard pour les sollicitations, quelque puissantes qu'elles fussent, on ne peut pas douter que le trésor public ne fît annuellement de grandes économies sur les fournitures des armées et sur toutes ses dépenses.

CHAPITRE XXVI.

Des effets du luxe sur le commerce et l'industrie.

—

Le luxe est une passion immodérée d'ostentation, qui fait préférer à l'homme riche les jouissances dispendieuses de la vanité et de l'orgueil, auxquelles les autres hommes ne peuvent atteindre, aux jouissances plus modestes, plus pures et plus réelles qui accompagnent toujours l'usage bien entendu des richesses, lorsqu'elles sont employées, soit à l'acquisition de choses utiles, bonnes et commodes, soit à la pratique d'actes de bienfaisance, soit à l'encouragement de l'agriculture et des arts.

Cette maladie est presque toujours celle des despotes et des conquérans, qui, dans le délire moral qui les poursuit, se persuadent que l'étalage d'une magnificence extraordinaire donnera au monde une très-haute idée de leur puissance. On peut dire que le luxe des cours est le thermomètre du degré de bonheur dont jouissent les peuples.

Un despote, entouré de courtisans occupés sans cesse à épuiser tous les raffinemens de l'adulation pour élever jusqu'aux nues son habileté, ses talens et sa gloire, est entraîné par une pente insensible à se croire d'une espèce différente de celle des autres hommes. Il se persuade qu'en établissant, par l'appareil d'un luxe excessif, une distance immense entre ses sujets et lui, il les accoutumera à reconnoître en sa personne des attributs qui le rapprochent de la Divinité. Tel a été l'homme qui naguère gouvernoit la France avec un sceptre de fer, lorsqu'il fut parvenu au faîte de ses prospérités.

Nous avons vu que les ameublemens les plus riches, des couronnes d'or et de pierreries, des officiers vêtus des étoffes brodées les plus riches, des équipages sans nombre, une garde de soixante mille hommes, douze palais magnifiques, n'avoient pas suffi pour satisfaire l'orgueil insensé du despote dont la France a le bonheur d'être délivrée.

Lorsque le monarque se laisse entraîner par la passion du luxe, il est ordinairement imité par ses ministres et ses courtisans. Bientôt ce goût ruineux descendant de proche en proche, finit par s'introduire dans tous les états et dans toutes les professions. Les dorures, les dentelles, les étoffes les plus riches, sont les seules à la mode pour les vêtemens. Le luxe des diamans, des ameublemens, des équipages, d'un nombreux domestique, de magnifiques livrées, suit celui des habits. Tout ce faste ne s'établit qu'aux dépens des peuples et sur la misère publique. Quelques fabriques de luxe prospèrent, toutes les autres languissent. L'agriculture, accablée d'impôts pour alimenter le luxe du prince et de ses favoris, ralentit ses travaux et ses consommations. Le prix des grains, des denrées et de tous les produits de la terre diminue. Les fermiers ne peuvent plus payer ni leurs propriétaires ni les impôts. Le gouvernement, déjà obéré par ses prodigalités, voit successivement tarir toutes les sources de ses richesses. Il est réduit à faire banqueroute, et à employer les expédiens les plus ruineux et les plus honteux pour subvenir à ses besoins journaliers. Cependant la détresse devient générale, et elle cause dans toutes les fortunes d'épouvantables bouleversemens.

Telle a été la situation de la France pendant les dernières années du règne de Louis XIV, et, après sa mort, sous l'administration du régent. La corruption étoit à son comble, et la nation en étoit tellement dégradée, qu'elle supporta lâchement l'élévation au ministère, à l'épiscopat et à la pourpre, de l'homme le plus pervers et le plus méprisable qui fût en France.

Cette fatale régence fut heureusement suivie du long ministère du cardinal de Fleury, homme sage, économe, ennemi de la guerre et des dépenses d'ostentation, qui rendit les Français plus raisonnables.

La fin du règne de Louis XV avoit ramené le goût du luxe et des folles dépenses, qui ruinèrent de nouveau les finances de l'état.

Le faste du gouvernement impérial a surpassé celui des princes qu'on vient de nommer. Ce luxe asiatique n'a encore heureusement pénétré dans aucune des classes de la société, pas même dans celles qui étoient les plus rapprochées du trône. Toutes auroient eu honte d'imiter les folies d'un homme qui abusoit à un si haut degré des faveurs de la fortune.

Les habitudes des Français ont totalement changé depuis vingt-cinq ans. Ils ont eu le bon esprit d'abandonner ce goût insensé de dorures, de diamans, de livrées, d'équipages, etc.

La parure des femmes, plus variée, moins lourde, plus élégante et moins dispendieuse, semble les embellir davantage. Les habillemens des hommes sont très-simples. Ils sont, dans toutes les saisons, vêtus de bons habits de drap, sans broderie ni galons.

Les ameublemens, moins riches, sont plus frais et plus agréables. Les maisons, moins vastes et plus somptueuses, ont été mieux distribuées. En tout on a cherché plutôt la commodité et l'agrément que la magnificence.

Toute la France a paru prendre une face nouvelle. L'aisance dont jouissent enfin les campagnes a permis à leurs habitans d'imiter le goût

sage et modéré des villes qui étoient plus rapprochées de leurs facultés. Vêtemens, ameublemens, distribution intérieure des logemens, tout
annonce chez les villageois plus de discernement,
d'ordre et d'intelligence.

Un gouvernement sage, pénétré de ses devoirs,
ne peut faire trop d'efforts par ses exhortations,
ses lois et son exemple, pour dégoûter les peuples du luxe et des dépenses superflues, et pour
tourner leurs idées et leurs habitudes vers les
choses essentiellement bonnes, utiles et commodes.

Le luxe, ennemi des vertus, appelle à sa suite
tous les vices. Il énerve le courage des hommes;
il détruit les mœurs; il corrompt par son éclat
séducteur le cœur et la vertu des femmes; il dis-
pose à la vénalité tous les gens en place; il établit
une prodigieuse distance entre les riches et les
pauvres; il pervertit toutes les classes de la société; il infecte de son souffle impur, même les
professions laborieuses; il dessèche les sources principales de la prospérité publique; il donne une
fausse direction à l'emploi des revenus de l'état et
des particuliers; il fait languir l'agriculture; il pa-
ralyse les grandes manufactures, pour enrichir un
petit nombre de fabriques, dont les produits, destinés à la classe fortunée exclusivement, ont pour
mérite principal celui d'être excessivement chers.

Le luxe est le fléau des nations. L'histoire nous

apprend qu'il a conduit rapidement à une décadence inévitable celles qui ont eu le malheur d'y être entraînées par l'exemple des souverains qui les gouvernoient.

CHAPITRE XXVII.

Du Commerce extérieur.

—

Le commerce extérieur de la France est bien moins étendu et moins intéressant pour elle que son commerce intérieur, dont il n'est que la seizième partie; il est cependant aussi d'une grande importance.

C'est lui qui fournit à ses fabriques les matières premières que la nature a refusées à notre climat; c'est lui qui porte au loin dans toutes les parties du monde les productions de notre sol et de nos industries; c'est lui qui nous rapporte de ces mêmes contrées éloignées les denrées et les marchandises nécessaires à nos jouissances, et dont nos habitudes nous ont fait un besoin.

L'accroissement de notre agriculture et la perfection de nos fabriques, en augmentant la somme de nos produits et de notre commerce intérieur, doivent tendre aussi à l'augmentation de notre commerce extérieur; mais la bonté des lois qui doivent régler nos relations avec les étrangers y contribuera encore davantage.

Le gouvernement impérial étoit parvenu à pervertir les principes et l'esprit de nos institutions, à changer même le caractère des Français, qui, dans tous les temps, prévenus favorablement envers les étrangers, se faisoient un plaisir de les accueillir avec bonté et affabilité.

Plusieurs déclarations solennelles, généralement applaudies, avoient annoncé, dans les premiers temps de la révolution, les vues les plus nobles pour l'établissement de nos relations avec les étrangers. Ces résolutions généreuses ont été oubliées ; elles ont été remplacées, sous le gouvernement impérial, par des décrets insensés, qui ne tendoient à rien moins qu'à isoler la France de toutes les nations du monde.

Ce régime, qui a eu quelques approbateurs, a duré trop long-temps. Nous en avons assez souffert, pour revenir à des principes plus raisonnables et plus conformes à nos intérêts.

Le commerce extérieur se divise en deux parties : l'une, des exportations ; l'autre, des importations.

La marche et le mécanisme du commerce extérieur sont absolument les mêmes que ceux du commerce intérieur.

Le fermier porte son blé et ses denrées au marché ; il les échange contre des espèces, dont il se sert pour acheter les choses dont il a besoin et pour payer ses engagemens.

Le commerçant, qui exporte ses marchandises dans l'étranger pour les vendre, suit la même règle de conduite.

Les exportations précèdent les importations, car c'est en vendant ou en échangeant ses produits, qu'on peut se procurer ceux des autres; mais ces échanges sont rarement directs. Les progrès de la civilisation ont fait adopter un moyen plus simple, plus expéditif et plus commode. Il existe dans tous les pays civilisés une monnoie courante, dont la valeur intrinsèque a été comparée avec celle de toutes les autres nations; cette monnoie est partout à la fois une mesure et un moyen d'échange. Comme mesure d'échange, elle sert d'échelle comparative pour régler le prix des marchandises étrangères qui sont analogues à celles du pays; comme moyen ou matière d'échange, elle est employée à payer au vendeur étranger les marchandises qui lui ont été achetées; mais il arrive plus souvent que cette monnoie est remplacée par des effets de commerce payables à des termes plus ou moins éloignés, en divers pays et en diverses monnoies, dont le pair est réglé suivant le cours du change établi dans le lieu où les ventes ont été faites.

Le vendeur étranger se sert assez ordinairement des espèces et des effets qu'il a reçus en paiement pour acheter des marchandises, sur lesquelles il puisse, de retour dans sa patrie, faire de nouveaux bénéfices. Cette pratique n'est cependant pas générale, surtout pour le commerce qui se fait par terre. Il arrive fréquemment que le négociant qui a reçu des marchandises venant de l'étranger, en fait passer le montant à son corespondant en lettres de change, dont celui-ci trouve promptement le placement auprès des banquiers ou commerçans qui ont des paiemens ou des achats à faire en pays étrangers. Ainsi, les commerçans français qui out envoyé des marchandises de nos fabriques, ou des produits de notre sol, à Hambourg, à Amsterdam, etc., reçoivent en paiement des lettres de change sur l'Angleterre, qu'ils vendent à des négocians, qui s'en servent pour payer les matières premières, les épiceries, et les denrées coloniales qu'ils y ont achetées.

L'usage de convertir de suite en denrées ou marchandises du pays le produit des ventes est plus général dans les ports de mer, surtout pour les vendeurs venant de contrées éloignées, et qui out le plus grand intérêt à ne pas ramener leurs navires à vide. Ainsi, on voit rarement des capitaines de navire venant de l'Amérique, et même du nord de l'Europe, sortir des ports de Bordeaux, Nantes, Marseille, et autres, sans y avoir pris en retour des chargemens complets en vins, eaux-de-vie, et autres denrées ou marchandises.

Il est donc parfaitement inutile de prescrire aux commerçans étrangers des conditions onéreuses, telles que celle de contracter l'obligation d'acheter des marchandises du pays pour une somme égale au montant de leurs ventes. Il est absurde d'ordonner aux hommes ce que leur intérêt leur conseille. Cette gêne, aussi impolitique qu'inutile, qui est imposée au commerce étranger, ne peut servir qu'à l'éloigner de nos ports.

Le montant des exportations pour les quatre-vingt-sept départemens dont la France est aujourd'hui composée, est estimé de 310 à 330,000,000 fr. On y comprend

160 à 170,000,000 f. En produits des fabriques et de l'industrie :

Soieries, draperies, toileries, cotonnades, modes, meubles, glaces, horlogerie, mercerie, etc.

105 à 110,000,000 En produits du sol :

Vins, eaux-de-vie, bestiaux, grains, fruits, sel, etc.

45 à 48,000,000 En matières premières du sol, ou étrangères, et denrées coloniales réexportées, et objets divers.

310 à 328,000,000 f.

Le montant des exportations varie nécessairement d'une année à l'autre; elles dépendent de plusieurs circonstances qui sont hors de la puissance du gouvernement, telles que la prospérité des nations avec lesquelles nous avons des relations de commerce, leurs lois plus ou moins rigoureuses sur l'introduction des marchandises étrangères, leur situation politique tranquille ou inquiète, la facilité des communications, l'état de paix ou de guerre, etc.

Le montant des importations est évalué de 240 à 250,000,000 fr. Il se compose:

De 128 à 134,000,000 f. En matières premières :
Cotons en laine, chanvres, cuirs verts, laines, soies, drogues, bois de teinture.

15 à 16,000,000 En produits du sol :
Vins de liqueurs, poivre, cannelle, gérofle, épiceries, drogues médicinales, grains, bestiaux.

58 à 60,000,000 En denrées coloniales :
Sucre, café, chocolat, thé.

38 à 40,000,000 En produits de l'industrie :
Toileries, lainages, cotonnades, rubans, quincaillerie, aiguilles, et objets divers.

239 à 250,000,000 f.

Ainsi, nos exportations excèdent nos importations de 70 à 80,000,000 fr.

Nos exportations en produits de nos fabriques

et de notre industrie, sont de 160 à 170,000,000 fr., tandis que nos importations, dans les mêmes articles d'industrie étrangère, ne sont que de 38 à 40 : ce qui démontre que notre supériorité dans presque toutes les fabrications est généralement reconnue des nations étrangères.

La balance de 70 à 80,000,000 fr. est payée en espèces, ou lingots d'or ou d'argent, ou en lettres de change sur l'Espagne et le Portugal.

Un tiers environ de cette somme est employé en ouvrages d'orfévrerie, dont partie est exportée ; les deux autres tiers sont envoyés aux hôtels des monnoies, pour, après leur fabrication, servir, soit à remplacer les monnoies perdues, usées, ou exportées à l'étranger, soit à subvenir aux besoins de la circulation, qui s'accroissent en proportion des progrès de toutes les industries.

J'ai déjà observé que les estimations des marchandises exportées ou importées ne pouvoient être qu'approximatives; on a vu les raisons pour lesquelles on ne pouvoit pas compter sur celles des douanes.

Le commerce des importations est moins variable et plus assuré que celui des exportations; car aucune des nations auxquelles nous achetons des matières premières, des subsistances et des produits de l'industrie, n'a intérêt d'y mettre obstacle et d'en prohiber la sortie. On a supposé cette intention à l'Angleterre, dans la dernière guerre, pour les cotons en laine; mais elle n'en a jamais réalisé la menace.

Elle a, comme plusieurs autres nations, prohibé la sortie du numéraire, et elle n'a pas mieux réussi; la France en a reçu, chaque année, de l'Angleterre et de plusieurs autres contrées pour des sommes considérables, qui remplissoient le vide de celles que nos armées dépensoient dans les pays étrangers.

Le commerce extérieur est plus précaire que celui de l'intérieur, sur lequel il a néanmoins une très-forte influence.

Les exportations nous procurent des débouchés avantageux pour un superflu considérable des produits de l'agriculture et des manufactures. Lorsqu'ils sont fermés ou entravés par quelque cause que ce soit, il s'opère sur les approvisionne-mens de l'intérieur un refoulement de marchan-dises, qui en augmente la masse et en avilit les prix: circonstance toujours fâcheuse, qui ralentit la marche de toutes les affaires publiques et parti-culières.

Il n'est pas moins important de maintenir les importations au même degré, afin que nos manu-factures soient constamment alimentées abondam-ment et à bas prix, et que les jouissances aux-quelles l'usage de certaines denrées des deux Indes nous a habitués ne soient pas interrompues.

Lorsque les exportations de quelques marchan-

dises se ralentissent, les intéressés sollicitent ordinairement des primes ou des encouragemens
pécuniaires pour en faciliter la vente aux étrangers.
Ces moyens factices et forcés ont rarement eu le
succès désiré. Lorsqu'une marchandise est décriée
par défaut de qualité ou par son prix trop élevé,
ou que la mode en est passée, aucune prime ne
pourra déterminer les acheteurs à s'en charger.

Les primes ne réussiroient pas mieux pour favoriser l'introduction de certaines matières premières ou denrées repoussées par la répugnance
des acheteurs : car si elles ne sont pas recherchées
par le manufacturier ni par le consommateur, on
en peut conclure qu'elles ne sont propres ni à
être fabriquées, ni à être consommées dans le
pays où elles ont été apportées. Telle dépense que
le gouvernement fît en primes, elle seroit en pure
perte. Toute marchandise de bonne qualité, of-
ferte au prix courant de toutes celles qui sont de
même espèce, n'a pas besoin de primes pour être
vendue facilement.

Il est des mesures tout autrement efficaces pour
encourager les exportations et les importations,
et pour en maintenir l'activité, même en temps de
guerre : c'est alors surtout qu'on en recueille les
fruits, et qu'on en reconnoît les avantages ; car
c'est alors qu'il est le plus nécessaire que toutes
les industries agricoles et manufacturières, ces
sources de la richesse nationale, conservent leur

prospérité toute entière, afin de ne pas compromettre les revenus des particuliers, sur lesquels
reposent toutes les ressources de l'état.

Un gouvernement qui, pour encourager le
commerce extérieur, prendroit des mesures qui
ne seroient applicables qu'aux temps de paix, ne
rempliroit que la moitié de sa tâche. L'histoire
de tous les peuples, et la nôtre en particulier,
nous prouvent que, dans tous les siècles et
même dans le dernier, qui fut un des plus paci-
fiques, plus de la moitié de chaque siècle est employée à faire la guerre. Lorsqu'elle est déclarée
ou commencée, il est trop tard pour prendre des
mesures sages capables de protéger efficacement
le commerce extérieur. Les passions, la colère
et les circonstances dictent alors des lois le plus
souvent contraires à nos vrais intérêts. Tels ont
été pendant la guerre tous les décrets de la Convention, du Directoire et du gouvernement
impérial. Je vais indiquer des mesures que je
crois également convenables aux temps de paix et
aux temps de guerre.

CHAPITRE XXVIII.

Suppression de tous droits quelconques d'exportation.

—

Il seroit désirable que toutes les marchandises, de quelque nature qu'elles fussent, qui seroient exportées à l'étranger, ne fussent assujéties à aucun droit quelconque, pas même à celui de balance.

Cette proposition ne peut pas éprouver de contradiction pour les marchandises qui proviennent des fabriques et de l'industrie manufacturière, dont le montant, évalué à plus de cent soixante millions, forme environ la moitié de nos exportations; car le plus petit droit, la moindre entrave, seroient une prime réelle en faveur des fabriques étrangères.

On n'y fera pas plus d'objection pour les vins, eaux-de-vie et liqueurs. Ces produits de notre sol dont il est si important d'encourager la consommation, et dont il est exporté annuellement au-delà de cinquante millions, ne doivent payer aucun droit de douanes.

Par la même raison, la sortie des bestiaux, des subsistances et même des grains, jusqu'à la limite fixée par la loi, et dont l'exportation est évaluée à plus de cinquante millions, doit être aussi exempte de tout droit, afin d'en favoriser les expéditions à l'étranger : autrement ce seroit déroger au principe fondamental, si solennellement reconnu, et qui nous enseigne que le moyen le plus certain d'accroître la somme des productions dans tous les genres, est d'assurer aux cultivateurs toutes les chances possibles de les vendre avec avantage.

A l'égard des matières premières, dont l'exportation est d'environ quarante millions, ou elles proviennent de notre sol, ou elles sont étrangères. Dans le premier cas, on doit leur appliquer rigoureusement toutes les conséquences du principe fondamental dont on vient de parler; car il est aussi nécessaire pour les manufacturiers que pour les consommateurs, que les agriculteurs soient encouragés à en produire en abondance : la sortie des matières premières indigènes ne doit donc être soumise à aucun droit. Dans le second cas, il est aussi très-utile que les matières premières venant de l'étranger soient exemptes de tout droit à l'exportation, afin que les marchands français et étrangers qui en font le commerce aient la certitude de tirer le meilleur parti possible de celles qu'ils introduiroient en France, et de pouvoir vendre au dehors celles que la stagnation momentanée de nos fabriques, ou la trop grande abondance, ne leur permettroient pas de placer avec avantage dans l'intérieur.

Par cette sage mesure, la France, devenue l'entrepôt général du monde pour les matières premières, assureroit à ses manufactures et à ses consommateurs des approvisionnemens immenses, et le bas prix qui en est toujours le résultat.

Je cherche des objections à cette proposition si conforme à nos intérêts, et je n'en trouve aucune qui ne soit frivole ou dénuée de raison.

Dira-t-on que, dans certaines circonstances de disette ou de rareté de vins et de matières premières, il seroit nécessaire d'en prohiber la sortie ou de la ralentir par des droits? Mais c'est précisément dans les temps de disette qu'il faut s'abstenir de décourager les producteurs par des lois indiscrètes. C'est alors au contraire qu'il faut laisser subsister celles qui peuvent les déterminer à redoubler d'efforts pour augmenter leurs produits et satisfaire à tous les besoins. Lorsque les matières premières sont rares, est-il besoin d'en défendre ou d'en ralentir la sortie? Tous les producteurs ne préfèrent-ils pas les ventes faciles et alors très-avantageuses qu'ils peuvent faire près d'eux à des marchands qu'ils connoissent, aux chances douteuses de voyages coûteux et pénibles dans l'étranger, pour y aller chercher des acheteurs? On cesse d'exporter les marchandises lorsque leur prix trop élevé n'offre plus dans l'étranger aucune chance de bénéfices.

C'est dans les temps de disette des denrées ou

des matières premières, que l'on reconnoîtra l'utilité de la liberté illimitée du commerce extérieur. On verra alors les négocians français et étrangers s'empresser à l'envi d'importer en France les denrées et les matières premières dont elle éprouvera la rareté.

Dira-t-on encore que si toutes les denrées et marchandises provenant de notre sol et de notre industrie peuvent être exportées sans droits, les déclarations deviendront inutiles, et que le gouvernement, ne connoissant pas la valeur des exportations, ne pourra en constater le montant, ni savoir si la balance du commerce est favorable ou désavantageuse ?

Mais qu'avons-nous besoin de connoître cette prétendue balance de commerce, qui n'a jamais été et ne sera jamais qu'une chimère ?

Que nos lois intérieures soient sages, justes, humaines ; qu'elles assurent la sécurité parfaite des personnes et des propriétés ; que des impôts équitablement répartis soient le moins onéreux qu'il soit possible aux classes laborieuses ; que toutes les professions utiles jouissent de la considération qui leur est due, et bientôt tous les produits du sol et des manufactures, perfectionnés rapidement, seront plus que jamais recherchés des étrangers.

Mais pour attirer ces étrangers dans nos ports et dans nos villes, il faudra coordonner le système de nos relations extérieures avec celui de nos lois intérieures. Il faudra que nos lois commerciales extérieures soient équitables et généreuses, jamais exclusives ni partiales pour aucune nation, qu'elles les favorisent également toutes sans la moindre préférence, enfin qu'elles soient stables, invariables et fidèlement exécutées, même avec les ennemis, en temps de guerre.

Un traité de commerce avec une nation est un privilége exclusif, un monopole réel en sa faveur et à notre préjudice. Le bon sens et notre intérêt veulent que la concurrence pour notre commerce extérieur soit aussi illimitée que pour notre commerce intérieur.

Si nous remplissons ces conditions, notre commerce extérieur sera aussi florissant qu'il peut l'être; sa prospérité sera constante, parce que les étrangers auront le même intérêt que nous de la maintenir, car il encouragera en même temps leur industrie et la nôtre; il leur procurera, ainsi qu'à nous, de nouvelles jouissances; enfin il produira, pour eux comme pour nous, tous les avantages qu'on peut espérer des relations commerciales.

Les faits parleront alors d'eux-mêmes; car notre agriculture et nos manufactures seront d'autant plus florissantes, que tous les marchés du monde leur seront ouverts, qu'elles auront la faculté d'y envoyer les produits de leur industrie, sans éprouver aucune entrave, sans être assujéties à aucun droit d'exportation quelconque.

Ces signes du bonheur des nations sont bien plus certains et plus faciles à connoître que les balances de commerce, qui, toutes plus ou moins douteuses, sont toujours, pour les gouvernemens et pour les peuples, un faux régulateur.

La suppression des droits d'exportation ne causera aucun préjudice au trésor public, car ces droits sont en général modérés, et les produits en sont à peine suffisans pour couvrir les frais de perception. Mais c'est moins par leur quotité qu'ils nuisent aux commerçans que par les gênes, les embarras et les démarches qu'ils leur occasionnent. Ils ont, d'ailleurs, le grave inconvénient d'être sujets à des variations journalières et à des augmentations progressives, qui, par l'inquiétude qu'elles inspirent aux étrangers et aux nationaux, doivent ralentir les demandes et les expéditions, conséquemment s'opposer directement au but que doit se proposer le gouvernement, celui d'encourager les exportations.

CHAPITRE XXIX.

Suppression de tous droits, sans exception, à l'importation en France des matières premières, et même des produits du sol et de l'industrie venant de l'étranger.

—

JE m'attends que cette proposition, dont j'ai déjà discuté les conséquences dans la seconde partie de cet ouvrage, va de nouveau soulever ceux qui se croient intéressés au maintien du régime prohibitif (1), et ceux qui, sans avoir le même intérêt, conservent l'ancien préjugé, que ce système est nécessaire à la conservation de l'industrie française. Je ne lasserai point la patience des lecteurs

---

(1) On a observé que, lors des discussions qui ont eu lieu dans la Chambre des députés à l'occasion de la loi des douanes, en 1814, les ministres étoient beaucoup plus inclinés que les députés à préférer le système des droits modérés à celui des prohibitions absolues. Cependant toute la France a rendu hommage aux vues patriotiques des députés qui ont parlé sur cette matière. On a été convaincu que leur opposition au système modéré n'étoit due qu'à d'anciennes préventions, et à la persuasion où ils étoient que celui des prohibitions absolues étoit plus utile à la France. Ils n'en méritent pas moins la reconnoissance publique pour

par la répétition des nombreux argumens par
lesquels je me flatte d'avoir prouvé que la suppression de tous les droits d'importation, loin de
nuire à notre industrie, lui assureroit une prospérité d'autant plus durable, qu'elle seroit appuyée
sur la certitude de pouvoir se maintenir dans
tous les temps, par une rivalité salutaire, au niveau de toutes les fabrications étrangères, tant
pour les prix que pour les qualités. Je me con-
tenterai de considérer en masse les effets de
cette suppression de droits sur chaque espèce de
marchandises étrangères importées en France, et
d'y ajouter quelques observations.

Le montant des matières premières venant de
l'étranger est évalué de cent vingt-huit à cent
trente-quatre millions, et il forme plus de la
moitié de nos importations. C'est aujourd'hui
une vérité démontrée, que si nous voulons con-

---

leurs intentions patriotiques, toutes fausses qu'elles soient.
Ce n'est que par des discussions longues et approfondies,
que cette matière difficile peut être éclaircie et dégagée de
tous les sophismes dont l'intérêt particulier s'efforce de l'en-
velopper. C'est après avoir parcouru le cercle des erreurs
dans toutes les sciences, qu'on est parvenu à découvrir la vérité : la diversité des opinions émises sur cette question dans
la Chambre prouve combien elle est encore entourée de
nuages et d'obscurité. C'est par un sentiment de haine
contre les Anglais, ou à leur imitation, bien plus que par
conviction, que nous inclinons à adopter ou à conserver
le régime prohibitif.

tinuer à surpasser, ou même à égaler l'industrie manufacturière de nos voisins, nous devons exempter de tout droit quelconque les matières premières. Cette condition est absolue et sans exception ; car il suffiroit qu'une seule nation les affranchît de droits, pour qu'elle obtînt la préférence dans tous les marchés de l'Europe, et même dans les nôtres.

Si les droits établis par le gouvernement impérial sur les cotons en laine et sur d'autres matières premières eussent subsisté, aucune des manufactures françaises qui les emploient n'auroit pu se soutenir, elles auroient toutes succombé un peu plus tôt ou un peu plus tard.

Il ne peut donc exister sur ces matières aucun droit quelconque, pas même celui de balance.

Le second article de nos importations se compose de divers produits du sol, tels que vins et liqueurs, poivre, cannelle et autres épices, drogues médicinales, etc., pour une somme de quinze à seize millions, et de denrées coloniales pour cinquante-huit à soixante.

Tous ces objets, dont les denrées coloniales forment la plus forte partie, étant principalement consommés par les riches, sembleroient être ceux qui pourroient, avec le moins d'inconvéniens, supporter des droits d'entrée : mais, avant de fixer son opinion sur cette question, il est juste de

l'examiner avec impartialité, et de la considérer, non-seulement sous le rapport de nos intérêts, mais encore relativement à ceux de nos colonies et à ceux des consommateurs.

Tout à l'heure on invoquoit pour les cultivateurs en France le principe qui a consacré la
libre exportation de leurs denrées sans entraves et
sans droits, afin de favoriser l'accroissement de
toutes les productions. La justice ne peut pas
avoir deux balances: ce qui est vrai pour les denrées françaises, ne peut pas être faux pour les
denrées coloniales. Si, pour encourager l'agriculture en France, toutes les denrées de son sol
doivent être exportées sans droits, les denrées
coloniales, pour en favoriser la culture, doivent
jouir de la même franchise. Les charger de
droits, ce seroit vouloir pour elles le contraire
de ce qu'on veut pour la France; ce seroit se contredire soi-même. Déjà les nouveaux administrateurs de ces colonies ont établi des droits impolitiques à l'exportation de leurs denrées, ce seroit
aggraver le mal que d'en établir encore à l'introduction en France.

Mais, dira-t-on, du moins on pourra établir
de forts droits sur les denrées coloniales étrangères, importées par des navires étrangers ou
français.

Je réponds qu'il seroit désirable que même les
denrées coloniales étrangères ne fussent assujéties

à aucun droit d'entrée, et j'en soumets les raisons au lecteur impartial.

1°. On ne doit pas perdre de vue deux vérités bien importantes, qui ont été plusieurs fois rappelées dans cet ouvrage : l'une, que l'intérêt des consommateurs est le premier de tous. Or, cet intérêt seroit sacrifié à celui des planteurs de nos colonies, si, par des droits plus ou moins élevés sur les denrées coloniales étrangères, ils obtenoient le privilége exclusif d'approvisionner la France; car ils seroient les maîtres de nous fournir des sucres, des cafés, des cotons de qualités très-inférieures, à des prix arbitraires : ce qui seroit également nuisible aux consommateurs et aux fabricans.

L'autre, que la concurrence, qui est le principe de toute émulation, est aussi nécessaire pour les produits agricoles que pour les produits industriels ; que son influence est d'autant plus forte, qu'elle est plus étendue ; que les efforts des producteurs ont un succès plus décisif encore lorsque la lutte s'établit entre les nationaux et les étrangers.

2°. Nous ne devons pas seulement nous occuper des temps de paix, il faut aussi songer aux temps de guerre. Si les étrangers partagent en temps de paix nos approvisionnemens, nous ne craindrons plus de les voir ralentis ou totalement suspendus en temps de guerre, par l'interruption des communications avec nos colonies. Les étrangers, accoutumés à notre correspondance, remplaceront immédiatement nos armateurs dans nos ports. Ils nous rendront le double service d'importer abondamment toutes les matières premières et toutes les denrées coloniales dont nous aurons besoin, et d'exporter en retour les produits de nos industries, qui, sans leur concours, auroient éprouvé une baisse considérable.

3°. Si les droits à établir sur les denrées coloniales étrangères sont excessifs, il s'en fera une très-forte contrebande. On doit se souvenir que la réduction de l'impôt sur le sel à trois sous a eu principalement pour motif la fraude qui s'en faisoit lorsqu'il étoit à quatre sous la livre. Les fraudeurs auront de bien plus grands profits à faire sur l'introduction des sucres et des cafés venant de l'étranger, si les droits en sont de six à huit sous par livre.

4°. Parmi les consommateurs, il en est qui méritent principalement l'attention du gouvernement, ce sont ceux des classes laborieuses. Les denrées coloniales sont très-recherchées par les riches, auxquels, par leur prix élevé, la jouissance en est presque exclusivement réservée : pourquoi seroit-elle interdite aux familles peu aisées, qui sont si nombreuses en France? Cependant, si le monopole en est accordé à nos colonies, il leur sera difficile d'y atteindre. Tous les Français ont les mêmes droits ; la patrie n'est plus un vain nom pour le moindre d'entre eux qui réclame l'impartialité des lois. Si les denrées coloniales sont à bas prix, les cultivateurs, les chefs d'ateliers, les artisans, les ouvriers même, pourront espérer d'en voir quelquefois paroître sur leurs tables: du moins pourront-ils en faire usage dans leurs maladies; ce seroit pour eux un plus grand bienfait, un avantage plus certain, que celui de voir réaliser le vœu de Henri IV. La justice, base de toutes les lois, l'intérêt national, et celui des planteurs de nos colonies, s'accordent donc à demander que les denrées coloniales soient affranchies de tout droit à leur introduction en France, soit qu'elles proviennent de nos colonies, soit qu'elles y soient apportées des colonies étrangères, même par vaisseaux étrangers.

Le troisième article de nos importations est le moins considérable; il ne s'élève qu'à trente-huit ou quarante millions : il se compose de divers produits de l'industrie étrangère venant de la Suisse, de la Belgique, de l'Angleterre, de l'Allemagne, de l'Italie, etc. Ces importations consistent en cotonnades, mousselines, toiles, draperies, quincailleries, aiguilles, faux, cuirs apprêtés, instrumens d'optique et de mathématiques, etc., dont j'ai déjà fait l'énumération.

C'est cette introduction de quelques millions de produits de l'industrie étrangère qui inspire

2.

12

tant de craintes et d'alarmes, et qui excite tant de réclamations.

Les préjugés, les préventions, et par-dessus tout l'intérêt personnel, aveuglent à un tel point un assez grand nombre de manufacturiers, qu'ils se persuadent et s'efforcent de persuader aux autres que si toutes les marchandises de fabrique étrangère ne sont pas sévèrement prohibées, leur fortune et celle de l'état sont ébranlées. On les a vus employer la plume des plus habiles avocats pour prouver que le système prohibitif est le seul qui convienne à la France ; que, sans lui, la balance du commerce sera perdue pour elle ; que tout son numéraire sera exporté, ses manufactures ruinées, ses ateliers abandonnés, et tous les ouvriers réduits à la mendicité. Lardés de ces grands mots, les mémoires sont colportés dans tous les bureaux ; les ministres et les premiers commis sont assiégés de sollicitations et d'intrigues. Et pourquoi tout ce vacarme ? Pour empêcher que la France, qui exporte pour plus de cent soixante millions de produits de ses manufactures, qui n'en importe de ceux de l'étranger que pour trente-huit à quarante, n'en fasse entrer pour huit à dix millions de plus. Tout est perdu si la France reçoit des Suédois, des Allemands ou des Anglais pour quelques millions de fers en barres, de qualité plus parfaite ; de sucres mieux raffinés ; de flanelles et de casimirs d'une beauté supérieure.

N'est-il pas certain que les Français égalent, surpassent même les autres peuples dans toutes les branches principales de toileries, de draperies, de batistes, de cotonnades, d'orfévrerie, d'horlogerie, etc.; qu'ils en exportent quatre fois plus qu'ils n'en importent? Si la supériorité et la perfection de leurs fabriques n'étoient pas reconnues, les étrangers n'ont-ils pas toute la liberté de s'adresser à d'autres?

On ne se donne pas même la peine d'examiner quels seront les effets de la prohibition; si elle n'encouragera pas la contrebande; si la même quantité de ces marchandises prohibées n'entrera pas en fraude; si l'exécution des lois prohibitives n'entraînera pas des frais énormes, un code barbare, des peines excessives.

On tranche toutes les difficultés avec cette phrase bannale, *il faut protéger l'industrie française ; nos fabriques seront ruinées , si les produits de l'industrie étrangère ne sont pas prohibés.* Elle a suffi, sous le gouvernement impérial, pour convaincre le ministère et son chef, et pour faire adopter des mesures entièrement opposées à nos intérêts.

La réflexion et les leçons de l'expérience seroient des guides bien plus sûrs pour asseoir notre jugement.

On n'a pas oublié la situation déplorable où se trouvoient nos manufactures sous le gouvernement du Directoire. On se souvient que ce fut précisément à cette époque que les départemens de la Belgique et du Rhin furent incorporés à la France; que ce fut alors aussi que les fabriques si nombreuses et si florissantes de ces belles contrées, où les vivres et les salaires sont à très-bas prix, devenues partie intégrante de l'Empire français, eurent liberté entière d'y introduire *sans aucun droit* tous les produits de leur industrie. Cette concurrence étoit celle que nos manufactures devoient le plus redouter. Mais, loin d'en être découragées, elles redoublèrent d'émulation et d'efforts; elles oublièrent leurs malheurs et leurs désastres. Leurs pertes furent promptement réparées. Une multitude de mécaniques, d'ateliers, de filatures, furent établies, leurs progrès furent aussi rapides qu'étonnans; toutes les branches d'industrie se perfectionnèrent, et elles parvinrent en peu d'années à une prospérité qu'elles n'avoient jamais connue.

La concurrence des manufactures belges et allemandes opéra ce prodige unique dans l'histoire des nations. Serons-nous assez aveugles sur nos intérêts, pour perdre les fruits d'une si belle expérience ?

Il est aujourd'hui reconnu par tous les étrangers, même par les Anglais, que les produits de nos principales manufactures surpassent ceux de toutes les nations, et égalent au moins ceux de l'Angleterre. L'aveu en a été fait publiquement dans les deux chambres du Parlement. Nos fabriques n'ont donc plus rien à redouter des manufactures étrangères. Que nous reste-t-il à désirer? Rien de plus que de conserver et de consolider de si grands avantages. C'est *par la concurrence* que nous les avons obtenus, c'est par la concurrence que nous les conserverons, et que nous en assurerons la durée et la stabilité pour les générations futures. Appuyés d'un si beau résultat, nous étendrons cette concurrence salutaire non-seulement aux Belges et aux Allemands, mais encore aux Anglais et à toutes les nations.

Les prix et les qualités de nos marchandises seront ainsi toujours en harmonie et dans un nivellement parfait avec celles de tous les peuples. Lorsque quelque étoffe nouvelle, ou quelque production particulière des fabriques étrangères auront été connues, elles seront aussitôt imitées et surpassées en France. L'industrie nationale, toujours en rivalité avec l'industrie étrangère, sera dans une activité continuelle, et dans cette lutte elle sera toujours triomphante.

En supposant même que cette concurrence générale ne fît que consolider notre situation, telle qu'elle est aujourd'hui, sans aucune amé-

lioration, ce qui n'est nullement probable, n'au-
rions-nous pas lieu d'être parfaitement contens
de notre sort?

Nos exportations en produits de l'industrie
agricole excèdent cent dix millions; elles sont de
plus de cent soixante en produits de l'industrie
manufacturière, et nous ne tirons de l'étranger
en produits du sol que pour dix-huit millions, et
en produits des fabriques que pour trente-huit à
quarante. Pouvons-nous espérer de continuer à
vendre aux étrangers cette masse énorme de
marchandises, si nous refusons de leur en acheter
pour une aussi foible valeur? Une pareille prétention seroit-elle soutenable? Parvenus à rivaliser les Belges, les Allemands et même les Anglais pour toutes les fabrications principales, n'y
auroit-il pas de la démence à prononcer des
prohibitions, qui avertiroient nos voisins d'user
envers nous de représailles?

Les effets du système continental ne peuvent
plus être oubliés. Il doit être proscrit à jamais,
et remplacé par le seul régime qui convienne
aujourd'hui à la France, celui de la liberté illimitée.

Et à quoi nous serviroient les prohibitions? A
provoquer la fraude, à créer des essaims et des
races de contrebandiers. L'assurance de la contrebande étoit, avant 1789, de 4 à 5 pour 100;
elle est, dit-on, aujourd'hui de 12 à 15. Mais il

ne faut pas douter que, lorsque les compagnies d'assureurs et de fraudeurs seront organisées, elle ne baisse au même taux où elle étoit auparavant.

Le but avoué des prohibitions est de faire monter le prix des produits de l'industrie nationale, du moins proportionnellement au cours de l'assurance. Si donc elle est de 12 à 15 pour 100, il est probable que les marchandises françaises augmenteront dans la même proportion, tandis que les marchandises étrangères de même nature diminueront, ou resteront au même prix : d'où il suit que ces dernières, introduites en fraude, se trouveront sur nos propres marchés absolument au niveau des nôtres.

Mais il n'en sera pas ainsi sur les marchés étrangers, où les produits de notre industrie auront une défaveur égale à cette augmentation de 12 à 15 pour 100 sur tous les produits semblables de l'industrie étrangère, ce que j'ai déjà observé dans la seconde partie de cet ouvrage.

C'est ainsi que par des prohibitions impolitiques, par lesquelles on réussira à repousser à peine pour quelques millions de marchandises étrangères, on risquera de perdre une forte partie des trois cent vingt millions d'exportations que la France fait aujourd'hui.

Les manufacturiers ont déjà été avertis qu'ils sont dans l'erreur lorsqu'ils croient recueillir seuls les fruits des augmentations produites par les prohibitions. La promulgation d'une loi prohibitive suffit seule pour faire monter le prix des matières premières et des salaires, en sorte que leurs bénéfices se trouvent en définitif les mêmes qu'ils étoient auparavant.

Enfin il est constaté par l'expérience qu'une trop grande prospérité n'est pas désirable pour les manufactures; car, lorsque les demandes sont forcées, les ouvriers travaillent trop vite et avec moins de soin. La surveillance des contre-maîtres et des fabricans se ralentit; les largeurs des étoffes sont fraudées, et les qualités se détériorent. Il est temps de renoncer enfin à ces vieilles idées mesquines et rétrécies des prohibitions, présent funeste de l'Angleterre. L'intérêt de nos manufactures, celui des consommateurs et du gouvernement, qui est lui-même le plus fort des consommateurs, se réunissent pour nous conseiller l'adoption du seul système qui soit digne des Français et du siècle de lumières où nous vivons, celui de la liberté illimitée du commerce extérieur.

L'émulation est la source de tous les biens, elle surmonte tous les obstacles, elle couronne tous les efforts, elle conduit à tous les succès. C'est elle qui a porté toutes les sciences, tous les arts, toutes les connoissances humaines à un si haut degré de perfection. C'est elle qui, par la suppression des jurandes, et par la rivalité des manufactures belges et allemandes, a fait prospérer toutes nos industries. Ce sera elle encore qui, appuyée sur la concurrence illimitée avec toutes les nations, affermira et consolidera cette prospérité, de manière qu'elle ne puisse être ébranlée par aucune crise politique, ni par aucune fausse mesure du gouvernement.

Mais n'avons - nous pas sous les yeux des preuves récentes qui détruisent les craintes et les inquiétudes des fabricans français, et qui démontrent qu'elles sont dénuées de fondement?

Pendant les cinq premiers mois de 1814, plusieurs de nos frontières du nord et de l'est ont été ouvertes au commerce étranger. Elles n'étoient plus gardées par les employés des douanes, qui avoient été enrégimentés pour la défense du pays. Un grand nombre de départemens aux frontières et dans l'intérieur étoient occupés par les armées de diverses nations, dont les chefs, loin de s'opposer à l'introduction des marchandises provenant des fabriques de leur pays, devoient la favoriser. Ainsi, tous les produits des fabriques de la Suisse, de la Saxe, de l'Allemagne, de la Belgique, du Limbourg, du pays de Liége et de l'Angleterre, ont pu entrer en France librement et sans droits. Il en a été effectivement introduit des parties considérables. Cependant, de l'aveu de tous les fabricans et commerçans français, jamais nos manufactures n'ont été plus florissantes ; jamais les demandes de l'étranger et de l'intérieur n'y ont été plus fortes ; jamais les consommations n'avoient été portées au même degré dans les villes et dans les campagnes. Cette grande activité s'est soutenue pendant les derniers mois de 1814 jusqu'en mars 1815.

A cette triste époque, les mêmes événemens se sont malheureusement renouvelés. Une plus grande étendue de frontières encore a été ouverte aux armées ennemies ; elles ont occupé aussi un plus grand nombre de départemens. Les marchandises suisses, belges, allemandes et anglaises, ont pu entrer en France sans aucun obstacle pendant trois mois au moins. Les cotonnades anglaises, que nos fabricans redoutent le plus, y ont été introduites en assez grande abondance. Néanmoins, toutes les étoffes de coton de Rouen qui auroient dû craindre le plus leur concurrence, et dont on a porté de grandes quantités à la dernière foire de Beaucaire, y ont été très-recherchées, et s'y sont très-bien vendues. Les fabricans français doivent donc enfin convenir que leurs craintes et leurs alarmes sont chimériques.

On a cité l'exemple de l'Angleterre, dont le système est aussi très-prohibitif : son examen sera le sujet du chapitre suivant.

CHAPITRE XXX.

Système prohibitif de l'Angleterre.

—

LE système prohibitif de l'Angleterre remonte au temps de Cromwell, qui, en haine des Hollandais, et pour diminuer les profits qu'ils faisoient par le commerce de cabotage avec tous les peuples de l'Europe, dont ils étoient devenus les facteurs, imagina contre eux l'Acte de navigation, qui interdisoit l'entrée des ports d'Angleterre à tout navire chargé de denrées ou marchandises qui ne proviendroient pas du sol et des fabriques du pays d'où il auroit été expédié. Cette loi fit cesser pour la Hollande tout le commerce de cabotage et de commission qu'elle faisoit en Angleterre.

Ces mêmes jalousies de commerce furent cause de la guerre qui éclata en 1664, sous Charles II, entre les Anglais et les Hollandais, et pendant laquelle, après divers succès, l'amiral de Hollande, Ruyter, entra dans la Tamise et brûla un grand nombre de vaisseaux de guerre et de navires marchands. Louis XIV se déclara alors pour la Hollande, quoique, par une fausse politique, il ne lui donnât que de foibles secours. La paix conclue en 1667 fut glorieuse pour la république.

L'intérêt de la France eût été de rester fortement attachée à la Hollande, dont elle n'avoit rien à redouter, et de la soutenir dans tous les temps contre l'Angleterre, dont la rivalité lui avoit toujours été si nuisible. Mais, par une fatalité singulière, ce grand intérêt politique fut sacrifié, et Louis XIV· se ligua en 1672 à l'Angleterre pour faire la guerre à la Hollande. Cette guerre, qui n'eut aucun résultat heureux pour la France, fut le principe des deux guerres suivantes de 1686 et 1701, qui lui ont été si funestes, qui ont fortement contribué à augmenter la puissance maritime et commerciale de l'Angleterre.

Ce fut pendant ces guerres que le système prohibitif anglais reçut une grande extension contre la France, dont les manufactures avoient acquis en peu de temps un accroissement prodigieux, et qui augmentoit sans cesse par les débouchés avantageux et la préférence qu'elles obtenoient dans toute l'Europe. La rivalité et la jalousie des Anglais en furent alarmées. Guillaume., roi d'Angleterre, qui nourrissoit dans son cœur des sentimens de haine et de vengeance contre Louis XIV, prit soin de fomenter les inquiétudes, et d'encourager les clameurs contre les dangers dont la prospérité des fabriques françaises menaçoit celles d'Angleterre. Presque tous les articles provenant de l'industrie française furent successivement frappés de prohibitions ou de droits excessifs.

Les malheurs de la fin du règne de Louis XIV, le désordre des finances, l'expulsion des protestans et la misère des peuples, achevèrent la ruine des fabriques. Les Anglais, à qui leurs succès militaires avoient déjà assuré une grande prépondérance en Europe, profitèrent de nos calamités. Ils attirèrent chez eux une foule de protestans réfugiés, chefs de fabriques, qui y apportèrent plusieurs branches d'industrie, et notamment celle de soieries, qui y étoit inconnue.

La constitution anglaise, parvenue alors à sa perfection, assurant à toutes les propriétés et à toutes les industries une entière sécurité, l'agriculture prit un grand essor et obtint les plus étonnans succès. Les cultivateurs, devenus riches, firent prospérer par leurs consommations les manufactures.

La situation insulaire du pays, et le souvenir des expéditions lointaines entreprises sous la reine Elisabeth, réveillèrent les espérances de fortune, et firent accueillir tous les projets qui tendoient à profiter des établissemens déjà existans en Amérique, en Asie et en Afrique, pour multiplier les relations de commerce avec toutes les parties du monde. Tous ces projets furent réalisés en peu d'années, et les Anglais, dès 1730, avoient incontestablement le sceptre des mers, la prépondérance du commerce et la supériorité pour leurs manufactures.

Le système prohibitif, auquel le ministère eut soin d'attribuer cette grande prospérité, reçut encore des accroissemens. Toutes les marchandises qui n'étoient pas prohibées furent assujéties, toujours sous le prétexte de l'avantage des manufactures, à de gros droits, qui remplirent les coffres du gouvernement. Mais afin que les fabriques et le commerce n'eussent pas de motifs de plaintes, le ministère établit l'usage des *drawbacks*, ou de la restitution des droits sur les marchandises qui en étoient chargées, lorsqu'elles seroient exportées à l'étranger. Les journaux et les pamphlets, soit naturellement, soit par l'ordre du ministère, ne manquoient pas d'attribuer toutes ces prospérités au système prohibitif, et ils en recommandoient la continuation, surtout contre la France, dont la rivalité étoit alors loin d'être redoutable.

Les mêmes manœuvres ont été continuées jusqu'à présent, et le ministère en a recueilli tous les fruits. Profitant de cet engouement général, il n'a cessé d'augmenter chaque année les droits d'entrée, qui sont aujourd'hui pour le trésor une ressource de 13 à 14,000,000 sterlings, et elle est d'autant plus assurée, que la suprématie des mers et du commerce, désormais exclusive pour les Anglais, leur permet de garder à présent le montant des droits sur plusieurs marchandises, dont ils faisoient ci-devant la restitution lorsqu'elles étoient exportées. Toutes les nations sont ainsi devenues leurs tributaires.

Le peuple anglais ne murmure pas de l'énormité de ces droits, parce que les journaux continuent à protester que le système prohibitif est la sauvegarde de ses manufactures et la base de sa puissance.

L'Angleterre étoit parvenue, pendant la guerre de 1756, sous le ministère de lord Chatam, à obtenir de grands succès contre la France et à lui enlever presque toutes ses colonies. Elle lui dicta, à la paix, des conditions très-dures, au nombre desquelles étoit la cession du Canada. Sa gloire et sa puissance étoient alors arrivées au plus haut degré. Sa prépondérance maritime, sa supériorité dans toutes les branches d'industrie et de commerce ne pouvoient plus lui être contestées. Elle pouvoit étendre à son gré et sans éprouver le moindre obstacle ses relations commerciales dans toutes les parties du monde. Elle auroit donc pu, sans aucune inquiétude pour ses manufactures, abandonner son système prohibitif, puisque l'intérêt de tous les Anglais étoit de préférer aux marchandises étrangères celles des fabriques d'Angleterre, qui étoient réellement supérieures pour leur bas prix et pour leur qualité. La saine politique sembloit même les inviter à y renoncer, afin d'ôter aux puissances étrangères la pensée d'imiter un exemple qui pouvoit devenir funeste aux fabriques anglaises, en adoptant contre elles la juste représaille des prohibitions. Mais une jalousie invétérée contre la France, de vieilles habitudes, et, plus que tout cela, la crainte d'ébranler dans aucune de ses parties un système dont le trésor public tiroit de si grands avantages, ont jusqu'à ce jour empêché de le révoquer, même d'y faire aucun changement. Quoique ces mesures prohibitives aient été ouvertement blâmées, même par des écrivains anglais très-habiles en économie politique, tels que Hume, Smith et bien d'autres, elles subsistent encore dans toute leur force. Je demande à présent au lecteur impartial de juger si, depuis 1730, époque de la supériorité incontestée du commerce et des manufactures d'Angleterre, ces mesures leur ont été de la moindre utilité; si au contraire elles ne leur ont pas été nuisibles, en contribuant par l'énormité des droits à l'augmentation des denrées et des salaires. Il est évident que, depuis cette époque, toutes les combinaisons du système prohibitif n'ont eu pour but que de remplir les coffres de l'échiquier.

Si l'Angleterre n'a pas renoncé, depuis 1730, à son système prohibitif, il ne reste plus la moindre espérance qu'elle le fasse jamais. Lorsqu'on songe, d'une part, à ses dépenses énormes, qui se sont élevées, ces dernières années, à plus de cent millions sterlings (deux milliards quatre cent mil lions de francs), et d'autre part au revenu de ses douanes. Quand on réfléchit qu'elle est à présent maîtresse du commerce du monde, et qu'elle peut dicter à toutes les nations ouvertement ou tacitement toutes les lois commerciales et maritimes qu'il est de son intérêt de leur imposer, on seroit convaincu qu'elle pourra désormais maintenir, révoquer ou modifier son système prohibitif, sans qu'il en résultât le moindre inconvénient pour ses manufactures, s'il n'étoit pas l'une des colonnes de son système financier.

J'espère que ce tableau fidèle des progrès des manufactures et du commerce d'Angleterre ne laissera plus le moindre doute sur la très-foible influence que le système prohibitif a pu avoir sur leur prospérité. Les causes en ont été plus nobles et plus puissantes.

CHAPITRE XXXI.

Causes des progrès rapides des manufactures et du commerce de l'Angleterre.

La cause première en est sa constitution et l'excellence de ses institutions, qui, depuis plus de cent vingt ans, ont assuré la plus parfaite sécu-

rité et une garantie inviolable à toutes les propriétés et à toutes les industries. Cette vérité est démontrée par l'état de l'Irlande, qui n'a jamais été
aussi bien traitée, où cette sécurité pour les personnes et les propriétés a été souvent violée, et
qui, dans tous les genres d'industries agricole,
manufacturière et commerciale, est, par cette
raison, à une distance immense de l'Angleterre.

C'est cette garantie de la loi qui a donné une si
grande émulation à ses agriculteurs, dont l'aisance et les consommations ont enrichi les manufactures et le commerce.

L'Angleterre doit encore sa prospérité à la liberté de la presse, qui, en étendant toutes les
connoissances humaines, a propagé rapidement
toutes les idées utiles, les inventions, les procédés
et les mécaniques de toutes espèces.

Un grand nombre de causes secondaires ont
contribué à l'accroître au degré prodigieux où
elle est parvenue, telles que les capitaux immenses de ses commerçans, les longs crédits qu'ils
font à leurs débiteurs, leur loyauté, leur probité,
leur bonne foi, l'esprit industrieux et entrepre-
nant de la nation, l'intrépidité de ses matelots, qui
leur fait braver tous les dangers et toutes les privations de la mer.

Il faut comprendre dans ces causes les consommations immenses de l'Amérique septentrionale,
que son indépendance a quadruplées, la richesse

de ses colonies à sucre, son commerce interlope avec l'Amérique méridionale, la conquête de Ceylan et de l'empire de l'Inde entière, dont elle a la possession paisible.

Une foible partie du commerce des Indes a suffi pour enrichir successivement la ville d'A-lexandrie en Égypte, les Vénitiens, les Génois, les Portugais et les Hollandais. Aujourd'hui, ce n'est plus d'une seule partie de commerce, mais de tous les commerces, de toutes les provinces, de tous les peuples de l'Inde, dont les Anglais sont les maîtres absolus.

Agriculture, manufactures, commerce inté-rieur et extérieur, colonies, possession des In-des, monopole du commerce du monde, tels sont les élémens dont se compose la fortune colossale de l'Angleterre. Les fondemens en sont appuyés sur sa position insulaire, qui la rend invulnéra-ble, et sur sa marine militaire, plus formidable que toutes celles de l'Europe ensemble. Ils sont d'une si grande solidité, qu'ils paroissent iné-branlables.

A tous ces moyens de puissance il faut ajouter la facilité qu'elle aura, tant qu'elle conservera sa prépondérance commerciale, de faire au besoin des emprunts sans limites, dont elle pourra se servir pour entreprendre ou continuer toutes les guerres qu'elle croira utiles à ses intérêts. Cette facilité lui donne sur la France et sur tous les états de l'Europe un prodigieux avantage. On en peut conclure que le premier de nos intérêts politiques est de rester en paix avec elle.

La puissance anglaise ne peut s'affoiblir que par la perte de l'empire des Indes, qui lui seroit enlevé par quelqu'un de ses gouverneurs, ou par la rivalité des États-Unis et des peuples de l'Europe dans tous les genres d'industrie, ou par les excès et les abus de cette puissance, ou enfin parce que toutes les choses humaines sont fragiles et périssables.

Il est temps de conclure que le système prohibitif n'a presque en rien contribué à cette merveilleuse prospérité de l'Angleterre.

CHAPITRE XXXII.

Son exemple n'est pas applicable à la France.

L'EXEMPLE de l'Angleterre pour la conservation du système prohibitif en France ne lui est nullement applicable, par les raisons suivantes :

1°. Parce qu'étant la seconde nation manufacturière en Europe, la France, pour son propre intérêt, ne doit pas être prohibitive, afin de ne pas donner l'éveil aux autres nations, qui pourroient aussi prohiber ses marchandises;

2º. Parce que son système financier peut parfaitement se soutenir sans le secours des droits de douanes, puisque le ministre des finances n'en a évalué le produit net qu'à vingt millions;

3º. Parce que sa position continentale et l'expérience qu'elle en a faite ne lui permettent pas d'espérer de pouvoir jamais réprimer efficacement la contrebande, tant qu'elle aura des côtes et des frontières aussi étendues;

4º. Parce que le système prohibitif ne peut être maintenu que par la terreur, par des cours prévôtales et par des lois atroces, incompatibles avec le caractère, la liberté et les droits de la nation.

Nous avons imité des Anglais de très-belles institutions, celles des juges de paix, du jury et de l'instruction publique en matière criminelle; nous leur devons la douceur des lois pénales, la liberté de la presse, l'égalité des hommes devant la loi, et enfin le modèle de la constitution qui va nous régir. Dieu nous préserve d'imiter leur système prohibitif de commerce, la multitude et l'excès de leurs droits indirects, leur papier-monnoie et leurs huit cents banques. Ce n'est pas la possession d'une grande fortune et d'une grande puissance qui rend les peuples heureux, mais la manière d'en jouir sans exciter la haine et la jalousie des nations avec lesquelles ils sont forcés d'avoir des relations continuelles.

CHAPITRE XXXIII.

L'intérêt actuel de la France est de renoncer au système prohibitif, et d'adopter la liberté illimitée sans droits d'importation et d'exportation.

—

Les avantages de cette noble résolution sont faciles à saisir : je vais m'efforcer de les développer, j'espère démontrer ensuite que les inconvéniens sont absolument nuls. Les raisonnemens qui vont suivre se rapportent aux temps ordinaires, mais ils acquièrent une bien plus grande force dans les circonstances actuelles. La crise terrible à laquelle la France a été exposée et les dangers dont elle est encore environnée, exigent de grandes mesures. Celle qu'on vient de proposer seroit une de ces mesures décisives : elle affoibliroit les préventions des peuples de l'Europe ; elle contribueroit à rapprocher d'elle plusieurs nations qui n'ont jamais cessé de l'estimer et de faire des vœux pour elle ; elle déconcerteroit la politique de plusieurs souverains.

Il est des principes et des vérités sur lesquels tout le monde est d'accord, parce qu'il est impossible de les contester.

Les partisans du régime prohibitif et ceux de la liberté illimitée conviennent « Qu'il est de l'intérêt de la France d'acheter au plus bas prix possible les matières premières et toutes les marchandises étrangères dont elle a besoin; qu'il est également de son intérêt de vendre promptement et avantageusement ses produits agricoles et industriels;

» Que plus la concurrence des vendeurs sera grande, plus il y aura d'abondance de marchandises étrangères dans nos ports, et plus les prix seront bas; et que, par la même raison, plus il y aura concurrence d'acheteurs, plus nous aurons de chances de bien vendre nos denrées et nos marchandises;

» Que, pour arriver à ce double résultat, il est nécessaire d'encourager les vendeurs et les acheteurs à affluer dans nos villes et dans nos ports. »

Ils conviendront de plus que cette concurrence de vendeurs et d'acheteurs est plus nécessaire encore à la France en temps de guerre qu'en temps de paix : car c'est dans cette circonstance qu'elle a besoin de bien vendre, pour ne pas diminuer ses ressources, et qu'il lui est plus nécessaire d'acheter à bas prix, afin de maintenir la prospérité de ses manufactures, l'équilibre des consommations, les revenus et les profits des particuliers, afin d'assurer les rentrées et les ressources du trésor public.

Ces principes étant bien convenus de part et d'autre, n'est-il pas de toute évidence que le moyen le plus certain d'obtenir tous les résultats qui en sont la conséquence, est la liberté illimitée du commerce extérieur?

Tout le monde connoît les difficultés, les entraves et les formalités sans nombre de la législation des douanes d'Angleterre, les droits énormes auxquels presque toutes les marchandises étrangères y sont assujéties, la perte du temps, les démarches et les frais que ces formalités occasionnent aux capitaines et commerçans étrangers, enfin les dangers de la navigation du canal de la Manche, surtout en hiver.

On sait aussi que la consommation de la France est, après celle de l'Angleterre, la plus considérable de l'Europe, et que son sol produit des denrées privilégiées, recherchées par tous les peuples du monde.

On peut donc raisonnablement croire que les négocians étrangers, informés que, dans tous les ports et sur toutes les frontières de France, ils seront parfaitement accueillis en temps de guerre comme en temps de paix; qu'ils ne seront exposés à aucune entrave, aucune déclaration, aucune visite, aucune inquisition de la part des douaniers; que leurs marchandises seront affranchies de tout droit quelconque ; que celles qu'ils acheteront jouiront, à leur sortie, de la même franchise, préféreront diriger leurs spéculations et leurs expéditions vers la France, que vers aucun autre pays de l'Europe.

Chacun de nos ports deviendra un marché général, une foire perpétuelle, un port franc, où toutes les nations de l'Europe et de l'Amérique s'empresseront, à l'envi, de nous apporter les denrées et les marchandises des deux mondes pour les échanger contre les nôtres.

Les vendeurs, après avoir terminé leurs ventes, deviendront nécessairement acheteurs ; car il n'est pas un commerçant, pas un capitaine qui ne sache qu'en chargeant des marchandises dans le port où il a fait ses ventes, il aura, outre les profits d'un double fret, la presque certitude d'un bénéfice sur les marchandises même qu'il aura achetées ; profits et bénéfices qu'il n'auroit certainement pas, s'il n'emportoit que de l'or ou de l'argent ; il évitera même, autant qu'il pourra, d'aller faire son chargement chez d'autres nations, parce qu'il perdroit un temps précieux, et qu'il auroit à payer des gages de plus aux matelots et des frais de toutes espèces plus considérables : il achetera donc ceux des produits de notre sol et de nos fabriques qui conviendront le mieux à ses spéculations. Nous devons d'autant moins en douter, que la liberté illimitée ayant nivelé les prix de toutes nos fabrications, les produits de nos industries leur offriront les mêmes avantages que ceux de toutes les autres nations de l'Europe.

Il y a plus encore. La liberté illimitée amènera certainement dans nos ports les produits du sol et de l'industrie de toutes les nations ; les navigateurs étrangers pourront, chez nous-mêmes, s'en approvisionner et en compléter leurs cargaisons. C'est ainsi que la France, après l'adoption de ce système, deviendra l'entrepôt des marchandises de tous les pays du monde, et même de ceux qui auront conservé le régime prohibitif.

Tous les propriétaires, tous les cultivateurs applaudiront certainement à ce système de liberté; car, s'il est vrai, comme cela a été prouvé, que la libre sortie des blés est le plus sûr moyen d'encourager l'agriculture, on ne peut, à moins de se contredire, se refuser d'appliquer le même principe à tous les produits de la terre, et à reconnoître qu'il aura les mêmes effets pour toutes les denrées, celui d'en augmenter la masse générale, d'en favoriser les débouchés, et d'accroître proportionnellement l'aisance des agriculteurs.

Cet accroissement d'aisance tournera immédiatement au profit des manufactures; et comme les consommations intérieures sont quinze fois plus considérables que les exportations à l'étranger, il est hors de doute que la liberté illimitée assurera à nos manufactures plus de chances d'accroissement de prospérité, que les plus sévères prohibitions. Ces chances seront encore augmentées par le nivellement des prix qu'elle aura opéré; car les Français n'auront plus d'intérêt à préférer les marchandises de fabriques étrangères, puisque celles de France seront aussi parfaites et à aussi bon marché.

Il est donc également démontré que le système de liberté sera avantageux à nos manufactures.

Il ne le sera pas moins au commerce; car désormais ses spéculations au-dehors et dans l'intérieur seront sans limites; elles ne seront entravées ni par les lois fiscales, ni par les formalités et les vexations des douanes. La circulation générale, la masse des produits agricoles et industriels, et la somme des affaires de commerce, s'accroîtront en proportion des produits de toutes les industries: le commerce est donc aussi intéressé à l'adoption du système de liberté illimitée, dont il partagera les avantages.

Enfin, le gouvernement en recueillera le fruit qui doit être l'objet de ses vœux et de tous ses actes, *le bonheur général.* Il s'applaudira d'autant plus d'avoir adopté un si noble système, que la prospérité des classes laborieuses lui facilitera les moyens de faire presque sans contrainte la perception de tous les impôts; que l'accroissement des richesses augmentera ses ressources, qu'elles ne seront pas diminuées en temps de guerre; que sa considération et son influence en Europe, sa puissance au-dehors et dans l'intérieur, en seront fortement consolidées et d'autant mieux affermies, qu'elles seront appuyées sur la base la plus solide de toutes, l'intérêt et la satisfaction des peuples.

L'adoption de ce système nous préservera de ces guerres d'intérêt, toujours colorées de prétextes simulés, et que la rivalité seule du commerce faisoit entreprendre.

Elle rendra inutiles les traités de commerce, traités où les négociateurs font assaut de ruses pour se surprendre mutuellement et faire accorder des avantages exclusifs à la nation qu'ils représentent. Nous n'en aurons aucun besoin, puisque toutes les nations du monde, amies, neutres, et même ennemies, seront, dans tous les temps, pour affaires de commerce, reçues et traitées partout en France, aussi favorablement les unes que les autres.

Enfin, elle aura le résultat bien plus important qu'on ne pense, de nous délivrer naturellement et sans effort du trop plein en or et en argent dont tôt ou tard nous serons encombrés et embarrassés, comme l'est aujourd'hui l'Angleterre. Le nivellement pour l'importation et l'exportation de l'or et de l'argent sera, par la liberté, opéré comme il le sera pour les marchandises, et il n'en restera jamais en France que la quantité nécessaire à la circulation.

Tels sont les avantages immenses du système de liberté illimitée d'importation et d'exportation. Puisse leur démonstration contribuer, sinon à détruire entièrement, du moins à affoiblir les préjugés d'un grand nombre de fabricans, qui ne sont alimentés que par de faux calculs d'intérêt mal entendu !

Il me reste à prouver que l'adoption de ce système n'aura pas d'inconvéniens pour nos manufactures.

CHAPITRE XXXIV.

Le système de liberté illimitée n'aura point d'inconvéniens pour les diverses branches d'industrie française.

—

Les objections contre ce système, qu'on ne cesse de répéter et de lui opposer, sont :

1º. Le danger de la concurrence des fabriques étrangères ;

2º. Le défaut de réciprocité de la part des autres nations, qui sont toutes plus ou moins prohibitives ;

3º. La balance du commerce, qui, étant à notre perte, nous privera de notre numéraire, en nous forçant de payer en argent le solde de nos échanges.

PREMIÈRE OBJECTION.

Danger de la concurrence des fabriques étrangères.

J'ai déjà répondu plusieurs fois à cette première objection : je crains de fatiguer le lecteur en lui rappelant que les faits et une expérience de vingt ans nous ont démontré que la concurrence illimitée des manufactures de la Belgique et des départemens du Rhin, loin de nuire à nos fabriques, avoit, par l'émulation, produit un effet absolument contraire, dont toute la France a été émerveillée.

Assurément, les manufactures de la Belgique, des pays du Limbourg et de Liége ne seront pas plus dangereuses pour nos fabriques qu'elles ne l'ont été pendant tout le temps que ces provinces ont été réunies à la France.

Celles d'Allemagne étant moins parfaites, ne le seront pas davantage.

Celles d'Angleterre seront bien moins à craindre qu'elles ne l'étoient en 1787, à l'époque du Traité de commerce : car alors elles avoient pour la plupart une supériorité décidée qu'elles n'ont plus, et depuis cette époque la main-d'œuvre a doublé en Angleterre. Or, en 1788, dans l'année qui suivit le Traité de commerce, toutes les importations de la France en marchandises fabriquées et en objets d'industrie venant des pays étrangers, y compris les articles de l'Inde, furent de 69,000,000 fr., dont environ 30 venant d'Angleterre. Dans la même année nos exportations en marchandises de fabrique ou d'industrie française furent de 150,000,000 fr.

En 1789, les importations dans ces mêmes articles ne furent que de 62,000,000 fr., dont 15 ou 18 de l'Angleterre, et les exportations aussi en articles de fabrique française de 155. L'Angleterre en recevoit pour sa part pour 8 à 9,000,000 f. en batistes, linons, dentelles, glaces, modes et soieries. Ce dernier article y étoit introduit en fraude.

Elle exportoit en outre de France, chaque année, pour 15 à 18,000,000 fr. de vins, eaux-de-vie et autres produits du sol.

En 1812, nos importations en objets manufacturés déclarés aux douanes ont été de 40,000,000 f.; mais la fraude étant alors aussi active que lucrative, on peut croire qu'il en est entré en contrebande pour 10,000,000 fr. de plus : ce qui porteroit les importations à 50,000,000 fr.

Dans la même année, nos exportations en produits de nos fabriques ont été de 220,000,000 fr. Cet accroissement dans nos exportations, quoiqu'en temps de guerre, prouve évidemment que nos fabrications étoient plus parfaites qu'en 1789.

Les Anglais ont encore quelque supériorité sur

nous pour un petit nombre d'articles, tels que certaines étoffes de laine et de coton, la quincaillerie fine, les cuirs, la sellerie et la carrosserie, les instrumens d'optique et de mathématiques.

J'admets qu'ils en importent la même quantité qu'en 1789 ; savoir,

En étoffes de coton et laine, déduction faite des articles de l'Inde, dont la consommation a cessé. 10,000,000 fr.

Quincaillerie fine 1,000,000

Cuirs. 1,000,000

Sellerie et carrosserie 400,000

Instrumens d'optique et de mathématiques 50,000

Total. . . . . 12,450,000 fr.

Que seroit cette somme, comparée à la masse totale des produits de nos manufactures, qui s'élève à plus de 1,200,000,000 fr. ?

Mais nous devons croire que, vu l'état de perfection où sont parvenues nos fabriques de cotonnades et de lainage, il n'entrera peut-être pas pour 5,000,000 fr. d'étoffes de laine et de coton.

Il n'en sera pas de même de nos dentelles, de nos batistes, de nos soieries, de nos modes, glaces, etc., pour lesquelles la France a conservé sa supériorité, et qui sont d'autant plus recherchées, que les Anglais sont plus riches qu'ils ne

l'étoient en 1789. Par cette raison, ils consommeront aussi une plus grande quantité de vins,
d'eaux-de-vie, et autres produits de notre sol,
qu'ils ne faisoient en 1789.

On a objecté que la population de l'Angleterre,
y compris l'Écosse et l'Irlande, n'étant que de
quinze à seize millions, et celle de la France de
vingt-six, l'Angleterre devroit nécessairement
fournir à la France plus de marchandises provenant de son sol et de ses fabriques, qu'elle n'en
recevroit de nous. Mais ceux qui font cette objection ne réfléchissent pas que les consommations
des peuples, comme celles des particuliers, ne se
proportionnent pas au nombre, mais aux facultés
des consommateurs. C'est ainsi que la consommation des habitans de Paris est estimée à 600 fr.
par individu, tandis que celle des habitans du
Limousin, du Berri ou de la Champagne, peut à
peine être évaluée à 120 fr. par tête.

La richesse de l'Angleterre est regardée comme
étant double de celle de la France; la consommation
générale doit donc aussi être double dans toutes
les classes. On sait que plus un homme est riche,
plus il consomme de produits étrangers, parce
qu'il a plus de moyens de satisfaire tous ses goûts.

N'oublions pas deux vérités aussi incontestables qu'elles sont essentielles en matière de
commerce.

La première, qu'on ne fait jamais d'affaires

2.   14

avantageuses et importantes qu'avec des nations riches ;

La seconde, que les prohibitions ne garantiront jamais nos fabriques contre la fraude, que nulle puissance humaine ne peut empêcher.

De toutes les marchandises les plus faciles à frauder sont celles des fabriques, parce que, comparativement à leur valeur, elles sont d'un volume et d'un poids plus foibles que presque toutes les autres.

Les nations modernes ont des préventions et des préjugés bien étranges sur les affaires commerciales : elles voudroient vendre beaucoup de marchandises à tous leurs voisins, et ne rien acheter d'eux. On pourroit les comparer à un propriétaire qui n'auroit ni grains ni fourrages, mais qui auroit des bois et des vins à vendre, et qui, après avoir vendu ses bois et ses vins, s'obstineroit à n'acheter ni grains ni fourrages, dans la crainte de se défaire de son argent ; ou encore à un marchand qui s'empresseroit de vendre ses draps aux autres marchands ses voisins, mais qui ne voudroit acheter d'eux ni toiles, ni chapeaux, ni souliers. Il est probable que les femmes, les enfans et les domestiques de ces insensés s'entendroient pour faire entrer, malgré eux, dans leurs maisons tous les vivres et toutes les marchandises dont ils auroient besoin. Et c'est précisément ce que font les sujets des puissances assez dépourvues de sens pour établir des prohibitions et des droits prohibitifs. Si les marchandises qui en seront frappées sont demandées, elles entreront malgré les douaniers; si elles ne le sont pas, la prohibition est inutile.

Au reste, cette introduction libre ou fraudée ne peut jamais être d'une grande importance pour la France. Nos grandes manufactures ont acquis une telle perfection, qu'elles n'ont rien à redouter de celles d'aucune nation.

Il est superflu d'avertir que les observations qui précèdent ne se rapportent qu'aux marchandises provenant des fabriques étrangères, anglaises ou autres : car pour celles que les Anglais reçoivent de leurs colonies et de leurs possessions dans les deux Indes, ou de leur commerce maritime, devenu presque exclusif dans leurs mains, et qui consistent en matières premières, épiceries, drogues ou denrées coloniales, qui sont pour nous de nécessité première, ce seroit une faute impardonnable que de vouloir en entraver enaucune manière l'importation en France, et d'apporter le moindre obstacle à leur introduction directe d'Angleterre, soit sur navires étrangers, soit sur navires français. Toutes ces marchandises sont nécessaires ou à nos manufactures, ou à une consommation journalière dont nous avons contracté l'habitude. Les premiers élémens du commerce et la raison nous apprennent qu'il faut toujours s'approvisionner à la source, et jamais en seconde main lorsqu'on peut acheter de la première. Nous agirions donc contre nos propres intérêts, si nous ne recevions pas directement toutes ces marchandises du commerce anglais, et si, comme on l'a fait depuis la Convention, nous nous obstinions à les recevoir en seconde main des neutres, qui nous les survendoient de quinze ou vingt pour cent : ce qui exposoit nos manufactures à ne pouvoir supporter la concurrence d'aucune nation en Europe.

DEUXIÈME OBJECTION.

Le défaut de réciprocité de la part des autres nations de l'Europe.

Cette seconde objection n'est pas mieux fondée que la première. Que nous importe la réciprocité pour établir chez nous des lois qui conviennent à nos intérêts ? Lorsqu'une mesure est reconnue avantageuse à notre agriculture, à nos manufactures et à notre commerce ; lorsque son utilité est démontrée, avons-nous besoin d'attendre que la même démonstration ait été faite et reconnue par d'autres gouvernemens qui se trouvent dans des circonstances différentes, ou qui seroient dans la nécessité de conserver pour leurs finances les produits de leurs douanes ? Lorsque le pouvoir législatif a ordonné la libre exportation des grains et des laines, il n'a pas attendu que les autres puissances eussent adopté la même loi. Pourquoi donc attendroit-il pour anéantir le système prohibitif que les autres nations nous en eussent donné l'exemple ?

La France a le bonheur d'obtenir de son sol des produits précieux et privilégiés; elle est la seconde nation manufacturière en Europe; elle vend aux autres quatre fois plus de produits industriels qu'elle n'en reçoit; toutes ses exportations surpassent ses importations de soixante-dix millions : c'est à elle qu'il appartient de donner au monde l'exemple de la liberté illimitée du commerce.

Examinons la conséquence de cette noble résolution. Le commerce extérieur de France n'en peut aucunement souffrir, il n'en peut éprouver aucune diminution. Il n'y a pas la moindre raison de croire que les nations étrangères, à qui la liberté illimitée n'imposera aucune condition, à qui elle assurera au contraire de plus grands avantages qu'auparavant, diminuent leurs relations avec nous. Leurs consommations de nos produits seront les mêmes; elles auront aussi le même intérêt de nous vendre les matières premières et les marchandises dont nous avons besoin. Ainsi, dans la supposition la moins favorable, les exportations et les importations de la France resteront les mêmes qu'elles ont été jusqu'à ce jour, et elle en sera satisfaite.

Mais il y a bien plus de raisons de penser que son commerce extérieur prendra de très-grands accroissemens.

Je suppose d'avance qu'aucune nation prohibitive n'admette la réciprocité, et que le régime des douanes soit conservé par toutes celles qui l'ont adopté, ce que je regarde comme probable. Mais il est plusieurs peuples en Europe qui ne sont pas prohibitifs, et qui, par leur intérêt et par la sagesse de leur gouvernement, ne le deviendront jamais : tels sont les Hollandais, les Suisses, les villes anséatiques, les villes libres d'Allemagne. C'est chez ces peuples que se fait le principal commerce de l'Europe, dont les entrepôts sont dans leurs villes. C'est par leurs négocians que les nations qui les environnent, reçoivent librement, ou par la filtration de la fraude, tous les produits du sol et de l'industrie des deux Mondes. Il existe aussi en Amérique une grande et noble confédération de peuples libres, entreprenans, habitués au commerce de long cours, dont les navires parcourent depuis long-temps toutes les mers du globe : c'est à ces peuples de l'Europe et de l'Amérique, tous riches et bien gouvernés, que la France offrira de partager les profits de son commerce immense. Leur consommation personnelle est déjà très-considérable ; ils deviendront en outre les facteurs des nations prohibitives, si elles ne veulent pas profiter des avantages d'un commerce direct avec nous. C'est par eux qu'elles échangeront leurs produits contre les nôtres.

Si les nations prohibitives veulent participer directement à ce commerce, elles seront admises, comme les autres et aux mêmes conditions, dans nos ports ; il sera de notre intérêt de traiter directement avec elles, afin d'acheter leurs matières premières et leurs marchandises de première main et à meilleur marché. Il sera pareillement de l'intérêt de leurs commerçans de remporter ceux de nos produits qui leur conviendront, afin de ne pas s'en retourner à vide et d'augmenter leurs profits.

Dans les deux hypothèses. le commerce- de France doit nécessairement augmenter dans une forte proportion. Cette grande résolution doit nécessairement imprimer un mouvement prodigieux à notre agriculture, qui le communiquera rapidement à toutes les branches de l'industrie française et à son commerce intérieur.

Le défaut de réciprocité de la part des nations prohibitives ne doit donc pas retarder un instant l'adoption du système de liberté illimitée du commerce extérieur.

TROISIÈME OBJECTION.

La balance du commerce, qui, étant à la perte de la France, la forcera, pour s'acquitter envers les étrangers, de faire sortir son numéraire.

Avant de répondre à cette objection, il est nécessaire de bien s'entendre sur le sens de ce mot magique, *la balance du commerce,* à laquelle les gouvernemens d'Europe attachent une si grande importance.

La balance du commerce est la différence en plus ou en moins des exportations d'une nation sur ses importations.

La balance est regardée comme favorable pour une nation lorsqu'elle a exporté une plus grande quantité de marchandises et pour une valeur plus forte qu'elle n'en a importé, parce qu'on suppose que l'excédant des exportations lui sera définitivement payé en or ou en argent. Elle est regardée comme défavorable lorsque les importations surpassent les exportations, parce qu'on suppose aussi que l'excédant ou le solde des importations doit se payer en espèces d'or ou d'argent.

On a déjà observé que les états de la balance du commerce, faits par les douaniers, sont en tous pays sujets à de graves erreurs, parce qu'il leur est impossible de bien connoître les prix de toutes les marchandises, surtout de celles de fa-brique, et qu'ils n'y comprennent pas celles qui sont introduites en fraude, qui forment une masse considérable. Ainsi, ces états, toujours inexacts, ne seront jamais une boussole certaine pour guider une administration sage.

Deux nations en Europe sont en possession, dans leurs colonies d'Amérique, des mines qui produisent l'or et l'argent, les Portugais et les Espagnols.

La rareté de ces métaux précieux, leur grande utilité, et principalement les frais d'extraction et de fabrication en fixent la valeur et le prix, qui ne varient qu'à des époques assez éloignées.

Suivant Smith, le produit de toutes les mines de l'Amérique étoit en 1775 de six millions sterlings (144,000,000 fr.). M. Humboldt, dans son bel ouvrage sur l'Amérique méridionale, en estime les produits, au commencement de ce siècle, à quarante-trois millions de piastres (225,000,000 fr.)

La découverte et l'exploitation de ces mines, et le transport annuel de leurs produits en Por-tugal et en Espagne, ont été pour ces deux royaumes un fléau dévastateur, qui y a desséché toutes les branches de l'industrie humaine.

Les deux peuples ont en Europe très-peu de produits agricoles et industriels excédant leurs besoins, à offrir aux étrangers ou à leurs colons d'Amérique. Les Portugais exportent des vins et des sels ; les Espagnols vendent à diverses nations des laines très-estimées en Europe, des soies, des soudes et quelques autres objets peu considérables. Les deux nations ont des manufactures grossières, mais très-peu de ces fabriques dont le travail compliqué et perfectionné exige autant de sagacité et de soins de la part des entrepreneurs, que d'habileté et d'adresse de la part des ouvriers.

D'autres causes sans doute, telles que l'inquisition, la multiplication des moines, le grand nombre de fêtes consacrées à la prière ou à l'inaction, les priviléges du clergé et de la noblesse, l'oppression à laquelle le peuple est condamné, les funestes habitudes de l'oisiveté, et, plus que tout cela, les erreurs du gouvernement et les mauvaises lois, ont contribué à paralyser toutes les industries.

Ces deux royaumes sont donc obligés, pour fournir à leurs habitans et à leurs colonies des draps, des toiles, des étoffes de toutes espèces, et tous les autres objets d'industrie perfectionnée dont ils ont besoin, d'avoir recours aux différentes nations de l'Europe, dont ils deviennent ainsi les agens et les facteurs.

Les retours de l'Amérique leur sont faits principalement en or et en argent, dont la masse est si considérable, qu'il leur seroit impossible d'en faire circuler, faute d'emploi, même une foible portion dans les deux royaumes. Il est donc tout simple de s'en servir pour se libérer envers les nations étrangères et payer les marchandises que le commerce leur avoit achetées ou dont la vente lui avoit été confiée.

Les deux gouvernemens ne pouvoient pas ignorer cette marche naturelle des affaires, qui pendant longues années a été constamment suivie. Cependant, par un aveuglement incompréhensible, ils se sont toujours efforcés d'empêcher ou d'entraver la sortie de l'or et de l'argent, soit par des prohibitions absolues, soit par des droits excessifs; mais ces lois absurdes n'ont jamais eu aucun succès. Cette masse d'or et d'argent a été annuellement partagée entre les différentes nations de l'Europe, en proportion de leur industrie manufacturière.

L'Angleterre a eu la première et la plus forte part, la France a eu la seconde, et toutes les autres y ont plus ou moins participé, non-seulement en raison de leurs envois en Espagne, mais souvent encore pour se rembourser du solde qui leur étoit dû par d'autres pays, et qui leur étoit payé en traites sur l'Espagne et le Portugal: en sorte que les viremens de créances et les règlemens de toutes les affaires de commerce en Europe se faisoient dans les deux royaumes.

Cet ordre de choses, qui subsiste depuis la découverte des mines de l'Amérique, durera probablement aussi long-temps que les deux nations resteront en possession des pays où ces mines sont exploitées.

Si les gouvernemens espagnol et portugais n'ont jamais pu réussir à empêcher l'exportation des matières et espèces d'or et d'argent, on peut l'attribuer en partie aux manœuvres des autres gouvernemens de l'Europe, qui se sont efforcés de s'approprier une partie plus ou moins forte des trésors du Nouveau Monde. S'étant bientôt aperçus que non-seulement la balance des envois faits directement en Espagne et en Portugal, mais encore celle des ventes faites à diverses autres nations, se payoit définitivement avec l'or et l'argent de ces deux royaumes, ils pensèrent que pour augmenter leur part il ne s'agissoit que d'imaginer des combinaisons législatives, au moyen desquelles on parviendroit à vendre beaucoup aux autres peuples et à acheter d'eux le moins possible. Les Anglais ont le mérite d'avoir, les premiers, inventé ces mesures égoïstes et exclusives. Ils ont successivement porté la science des prohibitions au plus haut degré de perfection, et le régime des douanes est devenu dans leurs mains une source de revenus pour le trésor public. Leur isolement du reste de l'Europe et la

surveillance de leur marine militaire ont singu-
lièrement favorisé le succès de leurs lois prohibitives.

La France a imité assez promptement l'exemple
de l'Angleterre ; mais sa situation continentale,
et tous les points de contact qu'elle a avec un
grand nombre de peuples divers, se sont opposés et s'opposeront toujours à ce que le régime
prohibitif ait chez les Français les mêmes succès
qu'en Angleterre.

Les Anglais et les Français ont cependant déjà
éprouvé quelques inconvéniens de ce système,
dont l'effet a été de faire hausser plus ou moins
le prix de leurs fabrications. La Belgique, la
Suisse, la Saxe, et plusieurs autres pays d'Allemagne, qui n'avoient pas adopté le même système,
ont porté leurs toiles, leurs étoffes, et autres objets
d'industrie en Espagne et aux États-Unis, où
leur bas prix leur a fait obtenir une préférence
marquée.

Par quelle fatalité les principaux gouvernemens
de l'Europe s'obstinent-ils à contrarier, à entraver
par des moyens aussi injustes les transactions
mutuelles de commerce entre leurs sujets, sous
prétexte d'une balance plus ou moins forte et
d'une perte d'argent imaginaire, comme si l'or et
l'argent étoient le seul élément de la richesse des
nations.

Portons nos regards autour de nous, et nous

serons bientôt détrompés. Le propriétaire qui a un million de fortune en terres, en maisons, etc., n'a souvent pas en réserve 3,000 fr. d'or ou d'argent : sa richesse, ou son capital, se compose de ses terres, de ses bois, de ses vignes, de ses maisons, de son mobilier, de son argenterie, de ses chevaux, de ses voitures, de ses créances sur ses fermiers et locataires : son argent comptant en est la plus foible partie.

Les fabricans, les commerçans sont dans le même cas. Le capital d'un fabricant se compose des matières premières qu'il a en nature, de celles qui sont à l'ouvrage, des étoffes qui sont aux apprêts, de ses mécaniques et ustensiles, des effets en porte-feuille, des créances qu'il a sur ses débiteurs; celui d'un commerçant comprend principalement les marchandises qu'il a en magasin, et ses recouvremens sur ses débiteurs. L'un et l'autre ont très-peu d'argent en caisse; mais si leur crédit est bon, ils s'en procurent à volonté, en négociant leurs effets en porte-feuille. Il en est de même de tous les états, de toutes les professions : l'or et l'argent ne sont qu'une foible portion du capital de ceux qui les exercent.

Si, comme on peut le croire, la richesse totale de la France est de quatre-vingt-dix milliards, et que son numéraire circulant en or et en argent soit de quinze cents millions, comme cela est assez probable, ce numéraire ne seroit

que la soixantième partie de son capital. Lors
même qu'elle seroit privée de ces quinze cents
millions par une exportation subite, elle n'en resteroit pas moins riche de quatre-vingt-huit milliards cinq cents millions; et comme l'absence du
numéraire lui donneroit une grande valeur, et le
feroit généralement rechercher, les étrangers,
nos voisins, qui en seroient instruits, nous rap-
porteroient promptement nos quinze cents millions, dont ils seroient eux-mêmes embarrassés,
parce qu'ils n'en auroient pas l'emploi; et ils s'em-
presseroient d'autant plus de le faire, que nos
denrées et nos marchandises, ayant éprouvé une
forte baisse par la disparition du numéraire, leur
offriroient de gros bénéfices.

J'ai porté à dessein cette hypothèse à son plus
haut période, afin de faire comprendre quelle
seroit la conséquence de l'exportation, même de
la totalité de notre numéraire. L'effet seroit dans
une proportion analogue, si, au lieu de quinze
cents millions, l'exportation n'étoit que deux
cents ou trois cents. La richesse ou le capital
de la nation se trouveroit momentanément diminué de la somme exportée; mais si les espèces
qui resteroient ne suffisoient pas à la circulation,
la baisse de nos denrées et de nos marchandises,
qui en résulteroit, avertiroit les étrangers de venir les acheter, et de nous rapporter l'argent qui
nous manqueroit, et qui seroit pour eux le

moyen d'échange le plus avantageux. C'est ce qui est arrivé constamment pendant vingt années de guerres que la France a faites dans l'étranger, et qui en ont fait sortir annuellement plus de cent millions, que le commerce a fait rentrer.

· Mais, afin de dissiper tous nos doutes, afin de détruire, s'il est possible, des préjugés invétérés, observons ce qui se passe dans nos villages, dans nos villes, dans nos départemens pour les transactions ordinaires, infiniment petites sans doute en comparaison des grandes relations commerciales entre les peuples, mais dont les règles, la marche et les effets sont les mêmes.

Dans chaque canton de la France il existe un certain nombre de villages, vingt ou trente, plus ou moins. Tous ces villages sont inégaux en culture, en industrie, en produits, en revenus, en population; chacun d'eux cependant a des denrées et des produits à vendre; des fermages et des impositions, des engagemens à payer; en un mot des ventes, des achats, des recettes et des paiemens à faire *hors de son territoire*. Les habitans des villages les plus pauvres ont des relations journalières d'affaires et d'intérêts avec ceux des villages les plus riches, tous en ont les jours de foires ou de marchés avec les habitans des villes voisines. Le prix de toutes les denrées qui y sont apportées des villages riches ou pauvres, proches ou éloignés, soit qu'elles proviennent d'une terre fertile et d'une culture peu dispendieuse, soit qu'elles aient été arrachées à grands frais à une terre ingrate et stérile, se règle en quelques minutes sur une échelle commune au même cours et avec un équilibre parfait. Le même nivellement s'établit sur les bestiaux, les toiles, les étoffes, les épiceries et les marchandises de toutes espèces, amenés et apportés quelquefois de très-loin dans ces foires et marchés. Les cultivateurs ou marchands qui refuseroient de vendre leurs marchandises au cours seroient contraints de les remporter.

Les villageois, après avoir fait leurs ventes, s'occupent de leurs achats, et ils se fournissent de toutes les marchandises dont ils ont besoin. Ces transactions se renouvellent plusieurs fois chaque semaine pendant le cours de l'année. On n'a jamais vu qu'elles aient ruiné ou appauvri un seul village, qu'elles lui aient enlevé son numéraire, qu'il n'en soit pas resté dans les plus pauvres comme dans les plus riches la quantité nécessaire à tous les besoins. S'il en étoit autrement, comment ces villages auroient-ils pu continuer leurs cultures ?

Le bon sens naturel au fermier, au vigneron, à tous les cultivateurs, leur enseigne de garder chez eux assez d'argent pour attendre le jour où ils pourront aller de nouveau vendre au marché leur blé, leur vin et leurs autres denrées. Il donne le même conseil au simple journalier, qui garde aussi une somme, qui lui suffira jusqu'à ce qu'il ait reçu le salaire de la semaine ou de la quinzaine. Tous ont ainsi *en argent* une réserve égale à leurs besoins.

Cependant, une grande partie des blés, des bestiaux et denrées apportés dans les marchés ont été achetés par des marchands pour être transportés en d'autres villes ou d'autres départemens plus ou moins éloignés : les relations de commerce s'étendent et deviennent plus importantes. Tous les départemens, riches ou pauvres, y participent en proportion de leurs productions agricoles, industrielles ou manufacturières. Les départemens peu fortunés de la Bretagne et de la Champagne, comme les riches départemens de la Normandie, de la Flandre et du Languedoc, les plus fertiles en blé, en fournissent à ceux dont la récolte est insuffisante : ceux qui cultivent la vigne envoient leurs vins chez ceux qui en manquent. Tous vont s'approvisionner dans les départemens manufacturiers des étoffes et autres objets de leur industrie. Ces transactions si multipliées se règlent sans peine, sans difficultés. Les prix des denrées et marchandises diverses se nivellent naturellement ; elles se payent soit en argent, soit en effets à terme. Tous les intéressés y trouvent des avantages, tous en retirent des bénéfices. Il n'en résulte pas le moindre inconvénient : aucune gêne, aucun embarras dans les paiemens, aucune diminution sensible de numéraire en or et en argent nécessaire à la circulation, même dans les départemens les plus pauvres. Cette multitude d'affaires et de négociations subdivisées à l'infini se fait librement sans aucune intervention de l'autorité. Tous les villages, tous les cantons, tous les départemens qui y ont participé ont augmenté leurs capitaux et leur prospérité; aucun ne s'est appauvri, aucun n'a manqué de numéraire.

Maintenant, qui pourra douter que si les relations libres du commerce s'étendoient au-delà de nos frontières avec tous les peuples de l'Europe, elles ne produisissent les mêmes résultats et les mêmes avantages? Les commerçans, les fabricans français et leurs ouvriers feroient les mêmes réserves d'argent nécessaires à leurs besoins que font les habitans des campagnes. Ils n'exporteroient à l'étranger que les sommes dont ils n'auroient pas l'emploi chez eux : car il n'est pas de négociant qui ne préfère un placement de fonds moins avantageux près de lui à un placement éloigné, surtout en pays étranger.

On reproduira ici l'objection du défaut de réciprocité. On dira que l'Autriche, la Prusse, la Russie et l'Angleterre, toutes prohibitives, ne permettront pas à leurs sujets ces transactions libres avec la France. J'ai déjà répondu et je répète que si les relations directes ne sont pas

permises par ces grandes puissances, les transactions de commerce entre leurs peuples et les
Français n'en seront pas moins actives; elles se
feront indirectement par l'entremise des Suisses,
des villes anséatiques et libres d'Allemagne, des
Hollandais et des Américains, qui continueront à
en être les agens comme ils l'ont été depuis long-
temps, et qui auront comme ci-devant les contrebandiers pour auxiliaires.

Ainsi, soit que les puissances étrangères ad-
mettent la réciprocité, soit qu'elles s'y refusent,
le système de liberté ne peut qu'être avantageux à
la France.

Nos transactions intérieures s'opèrent sur une
masse de produits de cinq milliards, dont le tiers
en produits de l'industrie : et nous craindrions
que l'introduction de quelques millions de plus
en marchandises de fabrication étrangère ne dé-
rangeât, ne troublât cette immense circulation !
Je dis quelques millions de marchandises de fabrication étrangère, car le système prohibitif ne
porte que sur elles, puisque tout le monde est
d'accord que les matières premières doivent être
affranchies de tout droit d'entrée. Ainsi, toute
notre industrie manufacturière sera paralysée,
parce que nous recevrons des étrangers pour 50,
ou 60,000,000 fr. en objets provenant de leur
industrie, au lieu de 40,000,000 fr. que nous
recevons déjà. Voilà cependant à quoi se réduit

le problème à résoudre. N'est-ce pas une véritable puérilité? Il faut répéter encore que, de gré, ou de force par la fraude, nous recevrons une grande partie des marchandises que nous voulons repousser, et que pour les payer il faudra faire aussi sortir le numéraire que nous sommes si jaloux de garder.

Cependant, pour repousser ces 10,000,000 fr. de marchandises de fabrication étrangère, il nous faudra maintenir une armée de quinze à vingt mille douaniers, dépenser 20,000,000 fr., faire un code pénal exprès contre les contrebandiers, établir des peines rigoureuses, envoyer des Français aux galères ou même à la mort, pour avoir introduit en fraude quelques livres de sucre et de café, quelques paquets de quincaillerie ou de flanelles venant d'Angleterre.

Est-il bien vrai aussi que les gouvernemens aient le droit d'interdire à la grande masse de leurs sujets peu fortunés l'usage des produits de l'industrie étrangère et la jouissance des productions précieuses des deux Mondes, que la nature n'a accordées qu'à des terres et à des climats privilégiés? On sait que les gens riches n'éprouvent pas ces privations : ils peuvent toujours, à force d'argent, se procurer tout ce qu'ils désirent. C'est sur les classes inférieures seulement que pèsent tous les inconvéniens des prohibitions.

Il en résultera, diront quelques fabricans, que, pendant plusieurs années et jusqu'à ce que toutes nos manufactures aient acquis la perfection du petit nombre de fabriques étrangères qui ont encore quelque supériorité sur les nôtres, il sortira de France pour dix millions de plus de numéraire que si le système de liberté n'existoit pas. Cette conséquence est fausse; car si ce système attire dans nos villes un bien plus grand nombre de vendeurs et d'acheteurs, leur concurrence nous fera acheter leurs produits à plus bas prix, et vendre les nôtres plus cher. Si leurs ventes sont plus considérables, leurs achats en produits de notre sol le seront aussi; car le numéraire sera toujours le moyen d'échange employé le dernier, parce qu'il est le moins avantageux.

Mais j'admets que le commerce libre fasse sortir pendant quelques années dix millions de plus : ces dix millions seront-ils perdus pour nous? Ne recevrons-nous pas en échange des marchandises qui, ou comme matières premières, ou comme objets de consommation, auront acquis, à leur entrée dans nos magasins, une valeur supérieure, par les profits usités du commerce, de dix pour cent au moins, de sorte que le capital de la France se trouvera réellement augmenté d'un million? Si ces marchandises sont des matières

premières, elles vaudront trente millions lorsqu'elles auront été converties en étoffes, et notre
capital sera augmenté de vingt millions.

Peut-on croire enfin que ce seroit un grand
mal pour la France de voir réduire de quelques
millions sa part dans les trésors de l'Amérique, et
de n'en recevoir que cinquante ou soixante millions au lieu de soixante-dix et quatre-vingts? Il
vaut bien mieux sur ce point être au-dessous
qu'au-dessus des besoins.

L'or et l'argent sont non-seulement une mesure
de toutes les valeurs, mais ils sont encore une
chose vénale, une matière ou un moyen réel d'é-
change. En cette dernière qualité, ils sont assujétis aux mêmes règles et aux mêmes lois que
toutes les autres marchandises. *L'abondance fait
le bas prix,* cette vérité est triviale. S'il se présentoit dans tous les marchés d'un même arron-
dissement des quantités de blés, de vins, de bestiaux et de denrées de toutes espèces excédant la
consommation habituelle, on ne tarderoit pas à
voir tous les prix éprouver une baisse considérable. Il en est absolument de même de l'or et
de l'argent. S'il en étoit offert à ceux qui en font
le commerce, ou dans les villes de manufactures
et de marchés publics, une quantité supérieure
aux demandes et aux besoins de la circulation,
le prix en baisseroit nécessairement. Dès lors ils
seroient moins recherchés; tout le monde vou-

droit s'en défaire ; et, faute d'emploi, peu de personnes se présenteroient pour les accepter en échange de marchandises, sans un avantage qui couvriroit la chance d'une dépréciation progressive. Il faudroit une plus grande quantité d'or et d'argent pour obtenir la même quantité de denrées. Ainsi un setier de blé, dont le prix, année commune, est aujourd'hui à 25 fr., se vendroit 30 ou 40 fr., et toutes les autres denrées ou marchandises proportionnellement. Alors tous les rapports sociaux seroient dérangés, tous les intérêts seroient froissés. Le journalier, le soldat, l'officier, le rentier, l'employé, les juges des tribunaux et ceux qui auroient des revenus fixes, souffriroient tous plus ou moins ; tous seroient forcés de diminuer leurs dépenses et de s'imposer des privations. Le gouvernement lui-même, qui est le premier et le plus fort consommateur, ne pourroit plus suffire à ses dépenses. Il seroit réduit à la nécessité toujours fâcheuse de demander une augmentation d'impôts.

Ce mouvement progressif de la dépréciation des métaux précieux et de la hausse des denrées n'a cessé de se faire sentir en Europe depuis la découverte de l'Amérique. Pour ne remonter qu'à une époque moins éloignée de nous, à la mort de Colbert en 1683, tous les revenus de la France (les impositions étoient alors forcées à l'excès) ne se montoient qu'à cent six millions, et ils suffisoient aux dépenses ordinaires : à présent ils sont de plus de sept cents millions, y compris les octrois des villes. Si alors les impôts étoient, comme aujourd'hui, proportionnés aux fortunes, avec 2,000 fr. de rentes on eût été aussi riche qu'on l'est de nos jours avec un revenu de 14,000 fr. Puisque tel a été l'effet constant de l'importation de l'or et de l'argent en Europe, pourquoi s'efforcer d'en augmenter la masse en France, et d'accélérer un si funeste résultat par des mesures forcées, telles que des prohibitions ou des droits prohibitifs?

Ne seroit-il pas plus sage de tenir une conduite entièrement opposée, de chercher le moyen d'atténuer, de ralentir les effets si nuisibles d'une trop grande importation de métaux précieux? Ce moyen est dans nos mains, c'est celui de la liberté illimitée du commerce extérieur. Elle deviendra le véritable régulateur de la masse de numéraire nécessaire aux mouvemens du commerce; elle nous délivrera du trop plein et de la surabondance des métaux précieux dont nous n'aurions pas l'emploi, et elle en maintiendra constamment la quotité au niveau des besoins de la circulation.

Combien de soins, d'embarras et d'inquiétudes cette liberté illimitée épargneroit au gouvernement!

C'est pour avoir méconnu cette vérité, que

l'Angleterre, depuis si long-temps prohibitive, se trouve aujourd'hui hors de toute mesure avec le reste de l'Europe. Toutes ses branches d'industrie agricole et manufacturière sont forcées, sa prospérité même semble avoir dépassé toutes les limites. L'excès se manifeste dans sa culture, dans ses manufactures, dans ses impôts, dans sa dette publique, dans sa marine, dans ses possessions lointaines, dans son commerce, dans sa puissance, et surtout dans ses richesses. Leur accumulation ayant fait monter le prix de toutes les denrées et de tous les salaires, ce n'est que par l'invention d'une multitude de mécaniques qu'elle peut supporter la concurrence de l'industrie étrangère. La soif de l'or et le besoin de s'en procurer sont devenus le mobile de toutes les actions, de tous les efforts, de toutes les combinaisons. L'emploi de ses immenses capitaux l'embarrasse, elle leur cherche continuellement de nouveaux débouchés: pour y parvenir, elle est réduite à porter ses regards attentifs et son influence sur toutes les affaires de l'Europe et du monde. Le motif principal de la guerre qu'elle a soutenue si long-temps contre la France et de toutes les coalitions qu'elle a soudoyées, étoit de s'assurer la suprématie des mers et le monopole du commerce du monde, que cette puissance seule auroit pu lui disputer.

L'Angleterre est arrivée au point de ne pouvoir plus renoncer à un système exclusif de la plus notoire injustice, qui pèse sur toutes les nations, qui les rend toutes ses tributaires, parce qu'elle croit que son maintien est nécessaire non-seulement à la conservation de sa puissance, mais même à son existence.

Telle est la position où elle s'est placée elle-même par son système prohibitif, tels en sont les effrayans résultats.

Toutes ces richesses, tous ces trésors sont le partage des propriétaires, des fabricans, des négocians, des hautes classes de la société ; mais les employés du gouvernement, les salariés, les rentiers, les ouvriers, toutes les classes inférieures, qui n'y participent que foiblement, sont condamnés à la plus sévère économie et à des privations continuelles. Lorsqu'ils comparent leur sort à celui des hommes gorgés de richesses et comblés des faveurs de la fortune qui les environnent et dont les jouissances sont sans bornes, peuvent-ils être heureux ? Non, pas plus que nous ne l'étions lorsqu'après tant de victoires, Bonaparte, devenu l'arbitre de l'Europe, avoit accablé ses généraux de dignités et de riches dotations, et que, pour maintenir dans le devoir tous les peuples vaincus, il nous demandoit, chaque année, de nouveaux sacrifices en hommes et en argent.

Rendons grâces à la Providence, qui ne nous a pas placés dans une si fâcheuse position ; et, tandis qu'il en est encore temps, tandis que nos douanes sont aussi peu profitables au trésor public, et qu'elles ne sont heureusement pas liées avec notre système de finances, comme elles le sont en Angleterre, hâtons-nous de proclamer cette loi généreuse pour tous les peuples, et qui sera si utile à la France, la liberté illimitée du commerce extérieur.

J'ose me flatter d'en avoir démontré les avantages. Il en est un, surtout, très-important dans les circonstances présentes, celui de nous concilier l'opinion et les vœux de l'Europe, qui n'échappera pas à la sagacité des lecteurs. Ils reconnoîtront que si l'Angleterre est forcée de rester prohibitive, c'est précisément par cette raison que la France ne doit pas l'être.

CHAPITRE XXXV.

Les navigateurs étrangers doivent être admis dans nos ports et jouir des mêmes faveurs que les navigateurs français.

—

Le principe de la concurrence illimitée est applicable au commerce maritime, comme à toutes les autres industries.

La France est sortie avec tant d'avantage de

la lutte inégale qu'elle a eu à soutenir avec les nations les plus avancées en manufactures, qu'elle ne doit pas redouter l'adoption de ce principe pour son commerce maritime. De l'aveu même des Anglais, la France a la supériorité pour la construction des navires. S'il lui reste encore quelque perfectionnement à désirer, ce seroit un motif de plus d'ouvrir tous ses ports aux navigateurs étrangers (1). C'est en examinant la construction de leurs vaisseaux, en comparant leurs usages pour les agrès, la mâture, la voilure et l'armement, que nous pourrons rectifier, s'il est nécessaire, et perfectionner encore nos méthodes. Ce sera par les relations habituelles et les conférences journalières que nos armateurs auront avec les marchands et les capitaines étrangers, qu'ils pourront acquérir des informations positives sur la navigation de tous les pays du monde, sur les routes et les parages les moins dangereux, sur les denrées qu'elles produisent, sur les marchandises qu'il seroit le plus profitable de leur porter en retour; c'est par eux enfin qu'ils obtiendront tous les renseignemens qui leur seront nécessaires pour faire eux-mêmes des expéditions dans les contrées qui leur sont inconnues.

---

(1) L'Angleterre elle-même paroît disposée à déroger à son système prohibitif, en accordant aux navires américains, dans ses ports, les mêmes avantages qu'aux navires anglais.

Si la guerre survenoit, ces navigateurs étrangers, qui connoîtroient nos besoins, qui auroient depuis long-temps des correspondans dans nos ports, suivroient sans peine des liaisons auxquelles ils seroient accoutumés. Ils nous approvisionneroient de toutes les marchandises qui nous seroient nécessaires, et ils continueroient à acheter les nôtres. Nos affaires commerciales dans l'intérieur et à l'extérieur n'éprouveroient plus ces crises et ces interruptions fâcheuses qui précédemment causoient tant de désastres dans nos ports et dans nos fabriques.

Tout ce qui a été dit pour prouver l'utilité de la franchise du port de Marseille est également vrai pour tous les autres ports du royaume. Si cette franchise et l'exemption de tous droits de navigation et de tonnage, qui est accordée aux navires étrangers venant à Marseille, par l'ordonnance du roi, du 20 février 1815, doit y attirer, comme autrefois, la plus forte partie du commerce de la Méditerranée, pourquoi tous les autres ports situés sur cette mer et sur l'Océan ne participeroient-ils pas aux mêmes avantages? Les mêmes causes ont toujours produit des effets semblables; ce qui est vrai pour Marseille ne peut pas être faux pour Toulon, Bayonne, Bordeaux, Nantes, le Hâvre, Cherbourg, Dunkerque, etc. Tous les Français sont égaux par la loi, qui réprouve tous les priviléges. Un seul, fondé sur le salut public, sur la nécessité de préserver la France du fléau de la peste, doit être conservé à Marseille, à cause de son lazareth, celui de faire dans son port tous les retours du commerce des échelles du Levant.

Tous les préjugés, tous les intérêts doivent fléchir devant l'intérêt national : or, l'intérêt commun des agriculteurs, des manufacturiers, des commerçans et des consommateurs, est d'acheter à bas prix les marchandises étrangères, et de vendre celles de France avec avantage. Je crois avoir démontré que le moyen infaillible d'atteindre ce but étoit de multiplier les vendeurs et les acheteurs, ce que nous obtiendrons en invitant toutes les nations à former avec nous des liaisons réciproquement utiles, sans leur imposer aucune entrave, aucune charge quelconque. Bientôt on verroit les navigateurs étrangers répondre à cette généreuse invitation, et préférer nos ports à ceux de l'Angleterre, où il s'en faut bien qu'ils jouissent des mêmes avantages. Nous aurons remporté cette grande victoire sans dépenses, sans guerre, sans effusion de sang, par une loi libérale, qui, en nous assurant de si importans résultats, ne contrarie les intérêts d'aucune nation du monde.

Je prie le lecteur de se rappeler les motifs sur lesquels j'ai déjà appuyé cette proposition ; il seroit superflu de les répéter ici. Son adoption ne pourroit éprouver de difficultés que pour la conservation du produit net des droits de douanes, qui revenoit au trésor public. Cette question va être examinée.

CHAPITRE XXXVI.

Des Douanes.

—

Lorsqu'une nation s'est placée elle-même dans une situation difficile et hostile pour toutes les autres par l'adoption d'un faux système, qui embrasse toutes les parties de son industrie, de son commerce et de ses finances, il lui est impossible de jamais s'en affranchir. Elle se débat en vain sous le joug qu'elle s'est imposé; chaque jour elle est forcée de river de plus en plus les fers dont elle s'est chargée.

Telle est la situation de l'Angleterre, tels sont pour elle les résultats du système prohibitif de douanes qu'elle a adopté depuis plus de cent ans, et auquel on a si mal à propos attribué ses richesses et sa puissance.

Ce système est tellement lié avec celui de ses taxes indirectes et avec son système de finances, qu'il lui est impossible de les séparer, et qu'ils doivent nécessairement toujours marcher ensemble.

Ce système a accoutumé l'Angleterre à devenir injuste envers toutes les autres nations : c'est pour le soutenir qu'elle s'est arrogé la domination exclusive des mers, qu'elle s'est emparée du commerce de toutes les parties du monde, et qu'elle a construit ces flottes formidables qui lui en assurent la possession.

Elle retire plus de trois cents millions du produit de ses douanes; et ses dépenses sont si énormes, qu'elle ne peut songer à diminuer une des principales sources de ses recettes : il lui est donc impossible de renoncer à ses lois prohibitives.

Le système prohibitif ressemble à la tyrannie, l'un et l'autre s'établissent par la terreur, et ne peuvent se maintenir que par des lois injustes, dont il faut chaque jour augmenter les rigueurs.

L'exemple de l'Angleterre nous prouve que les gouvernemens se trompent eux-mêmes, et plus encore leurs sujets, lorsqu'ils s'efforcent de leur persuader que les douanes ne sont établies que pour défendre leurs manufactures et leur commerce contre l'invasion des produits de l'industrie étrangère : les douanes n'existent réellement que pour l'intérêt du fisc.

La France, sous nos rois, avoit aussi établi le système exclusif des douanes. Il étoit moins rigoureux, mais plus compliqué ; il pesoit dans l'intérieur sur un certain nombre de provinces plus nouvellement réunies à la couronne, et qui, jouissant de diverses exemptions, étoient assimilées à l'étranger effectif, afin de compenser ces exemptions par les droits d'entrée et de sortie auxquels elles étoient assujéties. Il y avoit donc plusieurs lignes de douanes : les unes, dans l'intérieur à la frontière de ces provinces; les autres, à l'extrême frontière du royaume. Le régime des douanes étoit ainsi plus franchement fiscal en France qu'en Angleterre.

Après la paix de 1783, on s'efforça d'établir en France un système modéré de douanes. On fit en 1786 un Traité de commerce avec l'Angleterre, qui fut regardé comme avantageux aux deux nations. Le seul reproche fondé qu'on pût lui faire étoit que l'Angleterre continuoit à prohiber l'entrée des étoffes de soie venant des fabriques de France. Cependant il fut censuré par un grand nombre de fabricans français dont les opinions n'étoient dirigées que par des préjugés invétérés. La chambre de commerce de Rouen publia un célèbre Mémoire qui en blâmoit tous les articles, et qui fut ensuite commenté par plusieurs écrivains, dont quelques-uns n'avoient pas les premières notions du commerce. Les cris et les plaintes contre ce Traité se sont prolongés jusqu'à nos jours. Cependant il établissoit sur les produits de l'industrie des deux nations des droits de douze à quinze pour cent de leur valeur, droits très-supérieurs au taux de l'assurance pour la fraude, qui n'étoit alors en France que de quatre à cinq pour cent, au moyen de laquelle on pouvoit y introduire toutes les marchandises provenant des fabriques d'Angleterre. Les droits fixés par le Traité étoient évidemment trop élevés, puisqu'ils furent presque généralement éludés, soit par de fausses déclarations aux bureaux des douanes, soit par l'introduction des marchandises en contrebande. Ces réflexions ont échappé à tous ceux qui ont si amèrement blâmé le Traité de commerce.

Il est remarquable que ce fut précisément à l'époque de son exécution que l'on commença à établir à Rouen, à Amiens et ailleurs, à l'imitation des Anglais, plusieurs fabriques de velours de coton et d'autres cotonnades, qui ont eu le plus grand succès.

On sait encore que, jamais avant ce traité, les fabriques de France n'avoient été aussi florissantes qu'elles le furent de 1786 à 1790; que jamais le commerce intérieur et extérieur, et celui des ports de mer, ne furent dans une plus grande activité.

Dans l'année qui suivit le Traité, il fut expédié d'Angleterre en France pour environ 30,000,000 f. de marchandises fabriquées, somme qui excéda tellement les besoins, qu'on fut forcé d'en vendre une grande partie à perte. Les expéditeurs, avertis

16.

par cette expérience, limitèrent leurs envois aux besoins, et les importations se réduisirent, les années suivantes, à 12 ou 15,000,000 fr. Les exportations de la France en Angleterre furent, dans les mêmes années, de 25 à 30,000,000 fr., dont 15 ou 18,000,000 fr. en vins et eaux-de-vie.

Le Traité de commerce, si généralement décrié, ne fut donc pas nuisible à la France. Il est très-vrai que s'il n'eût pas été fait, les produits des fabriques des deux nations auroient continué à être fraudés de part et d'autre ; mais il eût été bien plus difficile d'introduire nos vins et nos eaux-de-vie par contrebande en Angleterre.

Lors de la révolution, les bureaux intérieurs furent supprimés, et il n'y eut plus qu'une seule ligne de douanes sur la frontière du royaume. Les droits furent d'abord modérés, mais ils ne tardèrent pas à être augmentés sous le gouvernement impérial, dont les besoins croissoient chaque année à mesure qu'il étendoit ses conquêtes. Lorsqu'il fut devenu tyrannique, le régime des douanes suivit la même marche ; il devint atroce et absurde. Il défendit aux commerçans ce qu'il se permettoit à lui-même ; il prohiba, sous les peines les plus sévères, celle de la mort même, tout commerce avec l'Angleterre, et il le faisoit ouvertement par les licences qu'il vendoit aux armateurs, à condition de lui payer des droits de cent et cent cinquante pour cent sur la valeur des marchandises qu'ils importeroient en France. Cependant il continuoit de publier que toutes ses vues tendoient à la protection de l'industrie française; et il trouvoit des manufacturiers assez crédules ou assez aveugles pour applaudir à des mesures qui devoient nécessairement ruiner leurs fabriques.

Ces temps d'illusion sont passés. Plus heureuse que l'Angleterre, la France peut choisir celui des deux systèmes qui convient le mieux à ses intérêts; elle peut fixer son choix sans compromettre les finances de l'état : car le revenu net des douanes n'est évalué dans le budget de 1815 qu'à 20,000,000 fr., qui ne seront pas réalisés cette année, à beaucoup près, à cause des circonstances, et qui le seront difficilement les années suivantes, comme on le verra bientôt.

Le système prohibitif est un état habituel d'hostilité entre les douaniers et les sujets du prince domiciliés sur les frontières : ces derniers ont pour auxiliaires tous les sujets des princes voisins, qui espèrent s'enrichir par la fraude, et quelquefois même des employés des douanes infidèles à leur devoir.

La contrebande forme des races d'hommes pervers, capables de tous les crimes, endurcis à la fatigue, exposés à tous les dangers; ils ne redoutent ni la rigueur des saisons, ni les marches nocturnes, ni la rencontre des employés. Les profits qu'ils espèrent leur font braver la crainte des arrestations, des amendes, de la prison, de la mort même.

L'Angleterre, par sa position insulaire, peut espérer, si ce n'est de détruire la contrebande, du moins d'en diminuer les effets. La France, attachée de plusieurs côtés au continent, environnée d'un grand nombre de peuples divers, qui tous ont intérêt de faire la fraude chez elle, ne peut que très-difficilement s'en défendre. Cependant, si elle conserve le système prohibitif, elle sera forcée, pour rendre la contrebande moins active, de continuer à épouvanter les fraudeurs par un code de lois barbares, incompatible avec une constitution libre.

Le Code des douanes est plus compliqué et plus volumineux que le Code civil et tous les autres codes ensemble; il est sujet à des variations continuelles, à des commentaires et à des interprétations qui se renouvellent chaque jour, et dont le moindre inconvénient est de n'être connus que des employés seuls, et d'être complétement ignorés par les négocians, pour lesquels ces lois sont faites.

L'introduction de certaines marchandises, aujourd'hui permise, est bientôt après prohibée. Les droits sur d'autres, d'abord modiques, sont tout à coup doublés ou triplés. Plus les prohibitions sont multipliées, plus les droits sont élevés, plus la surveillance devient importune, plus les

formalités à remplir deviennent sévères et rigoureuses. La moindre erreur dans les déclarations
expose les commerçans à des poursuites, à des
confiscations, à des amendes. Les lois, les interprétations et les instructions des ministres,
des administrateurs et des chefs des douanes,
sont en grand nombre ; elles sont si minutieuses, qu'il seroit impossible au plus habile négociant d'en avoir une connoissance suffisante,
lors même qu'on voudroit les lui communiquer.
Cette ignorance l'expose à des déplacemens coûteux, à des démarches pénibles, à des frais, à
des procès, et à une perte de temps considérable.
L'ouverture des balles et des caisses, les visites,
le plombage, les acquits à caution, etc., sont une
source inépuisable de vexations et d'injustices.

La largeur de la ligne des douanes avoit été
fixée dans les premiers temps à deux lieues dans
toute la circonférence de la France ; mais elle a
été depuis étendue à deux myriamètres, ou environ quatre lieues et demie, ce qui, à cause des
sinuosités du terrain, forme plus de trois mille
lieues carrées, dont la population, à raison de
huit cents à mille individus par lieue carrée, est de
près de trois millions d'hommes. Cette population,
qui est environ le huitième des habitans de la
France, est soumise à la surveillance perpétuelle, aux visites et aux inquisitions journalières
des employés des douanes. Il lui est interdit en

outre d'établir de nouvelles manufactures dans cet espace immense sans la permission du gouvernement. Cette défense, qui prive une si grande multitude d'hommes de leurs droits naturels, est à leur égard une violation réelle de la loi commune : elle est d'ailleurs nuisible aux progrès de l'industrie ; car c'est sur les frontières de la France qu'il seroit le plus facile et le moins dispendieux aux fabricans et aux ouvriers étrangers de se rendre pour y élever de nouvelles manufactures, qui auroient d'autant plus de chances de succès, que les denrées et les salaires y sont généralement à bon marché.

Une si grande étendue de pays à surveiller exige une multitude d'employés de tous grades, des bureaux, des corps-de-garde, des frais de toutes espèces.

Sous le gouvernement impérial, leur nombre, à cause de l'immense étendue de l'empire, étoit de trente à trente-cinq mille hommes, et ils étoient en outre appuyés par des corps de troupes de ligne. On assure que le nombre des employés des douanes est encore aujourd'hui de vingt mille, et que leur dépense, compris tous les frais, est de près de 20,000,000 fr. : de sorte que pour obtenir un produit net de 20,000,000 f. il en coûteroit effectivement à la nation française une somme de 40,000,000 fr.

Mais peut-on se flatter de retirer un pareil

produit des douanes, si nous restons fidèles aux principes reconnus et proclamés?

Nos exportations sont de 300 à 320,000,000 fr.; elles se composent de 110,000,000 fr. en produits du sol, de 160,000,000 fr. environ en ceux des manufactures, et de 45 à 50,000,000 fr. en matières premières.

Charger toutes ces denrées et marchandises d'aucun droit quelconque, même le plus léger, ce seroit une faute capitale; ce seroit se contredire ouvertement; ce seroit s'écarter du but qu'on doit constamment se proposer, celui de favoriser tous les genres d'industrie et d'encourager le plus fortement possible le renouvellement et l'accroissement de toutes les productions de l'agriculture et des fabriques. On ne peut donc espérer aucun revenu des exportations, parce que l'intérêt national exige qu'elles soient affranchies de tout droit.

Nos importations consistent en 250,000,000 fr. de marchandises, et en 60 à 70,000,000 fr. de lingots ou espèces d'or et d'argent, formant la balance ou le solde des exportations. Les 250,000,000 fr. en marchandises se composent de 130,000,000 f. en matières premières, 18,000,000 f. en produits du sol, 60,000,000 fr. en denrées coloniales, et 38 à 40,000,000 fr. en produits de l'industrie.

Les 60 à 70,000,000 fr. en lingots ou espèces ne seront certainement chargés d'aucun droit.

Les 130,000,000 fr. en matières premières ne le seront pas davantage, car on a vu qu'il étoit de l'intérêt des manufacturiers et des consommateurs que les matières premières, soit qu'elles fussent destinées à nos manufactures, soit qu'elles fussent réexportées, ne fussent assujéties à aucun droit d'entrée. Ce principe est aussi sacré et doit être maintenu aussi religieusement que celui qui affranchit de tous droits de sortie les produits de nos industries, puisque ces matières sont employées à les créer. Il n'y a donc encore aucun revenu à espérer des matières premières étrangères, qui forment plus de la moitié de nos importations.

Il ne reste ainsi à tarifer que les dix-huit millions des produits du sol, les soixante millions de denrées coloniales, et les quarante millions des produits de l'industrie.

Si l'on suivoit à l'égard de ces trois articles de nos importations les vrais principes avoués par la raison, qui ont été précédemment développés, ils ne seroient assujétis à aucun droit d'entrée.

Les produits du sol, parce qu'il est juste qu'en cas de disette ou de rareté dans l'intérieur, les consommateurs français puissent se procurer, au plus bas prix possible, des comestibles et des boissons dans l'étranger;

Les denrées coloniales, parce qu'étant, pour la moitié au moins, le produit du sol de nos colonies, qui doivent être assimilées pour leurs cultures à nos départemens, elles ne doivent pas être plus chargées de droits que ne le seroient les vins de Bourgogne et de Bordeaux qui sortent de leurs départemens pour être expédiés dans d'autres;

Les produits de l'industrie, parce que leur petit volume et leur poids léger, comparativement à leur valeur, les rend plus faciles à frauder que les autres;

Enfin, ces trois genres d'importation ne doivent être assujétis à aucun droit, par la plus puissante de toutes les raisons, celle de maintenir la prospérité constante et durable de toutes nos industries agricoles et manufacturières, par la rivalité perpétuelle des produits de même nature provenant de l'industrie étrangère.

En supposant cependant que les partisans du système prohibitif persistent à charger de droits ces dernières importations, ils ne pourront raisonnablement imposer plus de vingt pour cent sur les produits du sol et sur les denrées coloniales, et plus de dix pour cent sur les quarante millions des produits de l'industrie : ce qui rendra au trésor public un produit brut de vingt millions. Il sera même probablement moindre; car mon opinion, qui ne sera contredite que par ceux qui ont sur ces matières des notions imparfaites, est qu'à ce taux il y aura au moins un tiers de ces importations fraudé : mais, en admettant même ce produit de vingt millions (1), il suffiroit à peine pour couvrir les dépenses et les frais de l'administration des douanes.

Il faut ajouter à ces considérations l'embarras où l'on se trouvera toujours pour fixer les tarifs des droits sur les denrées et marchandises qui y resteroient soumises, à cause de la variation continuelle de leur prix.

Lorsque ces tarifs ont été discutés dans la Chambre des députés pendant la session de 1814, on a remarqué une si grande diversité d'opinions, qu'il paroissoit impossible de se rapprocher. Le ministre, instruit par expérience de l'impossibilité d'empêcher la contrebande lorsque les droits sont exagérés et qu'ils offrent aux fraudeurs l'appât d'un grand profit, inclinoit pour des taxes modérées. Un grand nombre de députés, au contraire, sans doute par le désir d'encourager

____

(1) M. Necker, dans son ouvrage *De l'administration des finances de la France*, affirme que le produit net des droits de douanes ne peut pas excéder dix à onze millions ; mais alors les frais de l'administration des douanes étoient de moitié environ moindres qu'ils ne sont aujourd'hui.

l'industrie française, proposoient des droits beaucoup plus élevés.

Tels sont donc, pour le trésor public, les résultats d'un système prohibitif de douanes, même
modéré. En le supposant combiné de manière
qu'il ne soit pas en contradiction directe avec le
principe de son institution, celui de défendre et
de protéger notre industrie agricole et manufacturière, le produit brut des droits ne seroit que de
vingt millions.

Je vais examiner maintenant quels seroient les
effets probables du système de liberté illimitée.

Lorsque les barrières intérieures des douanes
furent portées à l'extrême frontière, les habitans
des provinces de l'intérieur et ceux des provinces
privilégiées, entraînés par la force des habitudes,
furent tous également effrayés de cette mesure,
dont ils redoutoient les conséquences ; mais ils
furent promptement rassurés : les communications étant parfaitement libres, les relations de
commerce augmentèrent, et devinrent de jour en
jour plus multipliées et plus profitables. On ne
les détermineroit pas facilement aujourd'hui à
renoncer au régime de liberté pour reprendre
leurs anciennes chaînes.

Lors de la réunion des provinces belgiques et
allemandes à la France, tous les fabricans de
l'intérieur eurent les mêmes craintes et les mêmes
inquiétudes, qui paroissoient bien plus fondées.

On a vu qu'elles furent aussi très-promptement dissipées, et que les fabricans des départemens français, belges et allemands, s'applaudirent également de cette heureuse réunion, et de la liberté illimitée du commerce, qui, en imprimant aux manufactures des trois nations un mouvement d'activité extraordinaire, leur procuroit un accroissement de produits et de moyens d'échange, qui leur assuroit à tous d'immenses avantages.

Tels, et bien plus grands encore, seront les résultats de la liberté illimitée du commerce extérieur avec toutes les nations du monde.

Notre agriculture et nos manufactures, parvenues à un très-haut degré de perfection, et n'ayant rien à redouter d'aucune des nations de l'Europe, n'ont d'autre vœu à former que celui de conserver et de consolider leur prospérité actuelle. Il est prouvé par une expérience de vingt-cinq ans que nos fabriques doivent principalement leurs succès à la concurrence des manufactures belges et allemandes : il ne s'agit donc que d'adopter pour toujours un moyen aussi efficace, et de lui donner encore plus de force, en l'étendant à toutes les nations, et en proclamant, par une loi solennelle, la liberté illimitée du commerce avec tous les peuples du monde.

L'adoption de cette noble résolution assurera à la France l'estime et la bienveillance de toutes les nations; elle attirera dans ses ports et dans ses villes une multitude d'étrangers ; elle augmentera dans une proportion immense le nombre de ses correspondans ; elle diminuera probablement ceux de l'Angleterre, mais cette puissance n'aura aucun motif de s'en plaindre.

Elle affranchira les commerçans des entraves et des vexations auxquelles ils sont exposés par les lois des douanes.

Elle délivrera les trois millions d'habitans des départemens frontières de la surveillance journalière et des visites importunes des employés des douanes ; elle les encouragera à établir toutes les fabriques qui pourroient encore manquer à la France.

Elle rendra à l'agriculture, aux manufactures et aux arts la moitié au moins des employés des douanes, dont les talens ne sont occupés maintenant qu'à comprimer l'essor de nos industries et à tourmenter le commerce.

En nivelant continuellement les prix et les qualités des marchandises provenant de nos manufactures avec ceux des fabriques étrangères, elle consolidera pour des siècles leur prospérité actuelle, et, par la comparaison continuelle de leurs produits, elle les mettra à portée d'imiter immédiatement toutes les étoffes nouvelles qui leur seroient inconnues, et toutes les inventions qui auroient été faites par les étrangers.

Si le numéraire devenoit trop abondant en

France (cet excès n'est plus un problème en Angleterre), le trop plein en sortiroit naturellement et sans effort.

La liberté illimitée du commerce calmera les jalousies que les Anglais ont conservées depuis des siècles contre la France ; elle nous préservera des guerres de commerce trop fréquentes, dont chacune a coûté à la France, outre des dépenses énormes, quelques-unes de ses colonies, et lui a occasionné, à Dunkerque et ailleurs, des humiliations désespérantes.

Enfin elle dispensera la France de faire des traités particuliers de commerce avec aucune nation. Ils ne seront plus nécessaires, puisque toutes jouiront dans le royaume, pour leurs relations commerciales, des mêmes avantages.

Tout traité de commerce est un privilége exclusif en faveur de la nation avec qui on le fait, et à laquelle on accorde ordinairement des avantages supérieurs à ceux dont jouissent d'autres nations étrangères. Ce privilége ou monopole, accordé à une seule nation, ne seroit pas plus utile à la France, que ne le seroit à Paris et à toutes les autres villes un privilége exclusif donné à la ville de Rouen pour fournir tout le royaume de cotonnades. La concurrence illimitée est aussi nécessaire *pour le commerce extérieur que pour le commerce intérieur.*

La France est aujourd'hui dans une position

unique, inouie dans les annales du monde. L'ambition du tyran sous le gouvernement duquel elle a gémi trop long-temps, a deux fois soulevé contre elle toutes les puissances de l'Europe : elles viennent de l'écraser par la réunion de leurs forces combinées, et de le reléguer sur un rocher inaccessible. Mais les événemens qui ont précédé et suivi sa chute doivent avoir pour la France des conséquences très-graves. Les puissances qui lui ont dicté des lois s'efforceront de conserver sur elle une supériorité dont elles pourroient abuser. Plusieurs d'entre elles, et principalement l'Angleterre, ne manqueront pas de profiter des circonstances pour lui demander des avantages exclusifs de commerce, préjudiciables aux autres nations et à la France elle-même. Elle déconcertera tous ces projets, et elle anéantira toutes les prétentions en proclamant la liberté illimitée du commerce pour toutes les nations.

Les avantages immenses de cette noble résolution compenseront largement le foible revenu que le trésor public espère des douanes, et qu'on ne pourroit obtenir qu'en violant les principes protecteurs de l'agriculture et de l'industrie.

Tant de motifs réunis ne persuaderont pas encore un certain nombre de manufacturiers aveugles sur leurs propres intérêts, que les raisons les plus fortes ne pourront jamais convaincre. Ils reproduiront l'objection ordinaire du défaut de réciprocité, à laquelle j'ai déjà répondu. Ils ne voudront pas comprendre que la France n'a besoin du concours d'aucune puissance pour réformer ses lois intérieures et extérieures, et pour régler ses relations avec les nations étrangères sur des bases équitables, aussi avantageuses aux autres peuples qu'à elle-même.

Si pour adopter le système de liberté illimitée, qui convient à notre situation politique actuelle et à tous nos intérêts, nous attendons que les Anglais et les Espagnols aient renoncé à leurs lois prohibitives, nous attendrons encore pendant plusieurs siècles.

Espérons que notre gouvernement ne se laissera ébranler ni par des sollicitations intéressées, ni par de vaines déclamations. Il se mettra en garde contre les sophismes et les prétentions, dont la discordance annonce la foiblesse des raisonnemens de ceux qui les emploient; il écoutera patiemment tous les intéressés.

Les manufacturiers demanderont l'introduction libre et sans droits de toutes les matières premières; mais ils voudront, au détriment des consommateurs, la prohibition de tous les produits des fabriques étrangères.

Les négocians, et surtout ceux des ports de mer, consentiront à l'introduction des matières premières et même des produits de l'industrie;

mais ils réclameront l'approvisionnement exclusif des colonies françaises.

Les planteurs, à leur tour, s'élèveront contre cette dernière prétention, et ils demanderont qu'on leur assure la vente exclusive des denrées coloniales en France.

Chacun d'eux appuiera ses prétentions sur l'intérêt des fabriques et du commerce, sur celui des ouvriers, des fabricans, des constructeurs de navires. Tous oublieront les intérêts de l'agriculture et eeux des consommateurs. Au fond, l'intérêt de chacun en particulier sera le seul moteur et le seul but de toutes les démarches; en un mot chacun voudra la liberté pour lui et la gêne pour les autres.

Les plus intéressés dans ce grand procès, les propriétaires et les cultivateurs, qui toujours ont souffert du système prohibitif, seront les seuls dont la voix ne sera pas entendue.

L'intérêt national sera-t-il donc sacrifié à celui d'un petit nombre d'individus? Non. Le gouvernement, après avoir écouté des vœux si contraires et des opinions si discordantes, reconnoîtra que presque tous les hommes sont le plus souvent égarés dans leurs opinions, lorsqu'elles ne sont dirigées que par leur intérêt. Il en conclura que la seule règle de conduite à suivre pour l'administration est de fondre tous les intérêts dans un seul, l'intérêt national. J'ose croire qu'après y avoir mûrement réfléchi, il sera convaincu que la suppression des droits de douanes et la liberté illimitée du commerce sont des mesures de la plus haute sagesse en politique et en commerce ; qu'elles sont les plus propres à nous rattacher les nations de l'Europe, et à accélérer, par une émulation générale, les progrès de toutes nos industries.

Je suis loin de croire cependant que ce changement de système doive se faire brusquement et sans les ménagemens qui sont dus aux commerçans. Il seroit raisonnable d'y préparer les esprits par des discussions approfondies, faites avec sagesse, impartialité et modération dans les journaux. Les meilleures lois, qui froissent les opinions et les intérêts d'un trop grand nombre d'individus, sont mal exécutées.

Cependant la liberté illimitée d'exportation sans droits pourroit être, sans inconvénient et sans crainte de réclamations, prononcée dès à présent en faveur de tous les produits de notre industrie agricole et manufacturière, y compris les matières premières. Toutes ces productions, et même nos vins et nos eaux-de-vie, ne doivent être assujétis à aucun droit, pas même à celui de balance, qui au fond ne signifie rien, et qui néanmoins oblige les commerçans à des déclarations, à des démarches, à des frais et à une perte de temps toujours nuisibles. Le plus léger droit seroit d'ailleurs une dérogation au principe de la liberté illimitée, dont on ne doit pas s'écarter.

On peut aussi accorder dès à présent la franchise absolue d'importation à toutes les matières premières sans exception, venant de l'étranger. Cette mesure, réclamée par toutes nos manufactures, et conforme à l'intérêt des consommateurs, n'éprouvera aucune opposition.

La liberté illimitée et sans droits pour les épiceries, les sucres bruts et raffinés, le café, le cacao, les comestibles, les boissons, et toutes les marchandises provenant de l'industrie étrangère, seroit ajournée à deux ans.

Pendant la première année, toutes ces marchandises seroient assujéties à des droits de quinze à vingt pour cent, gradués suivant les espèces.

Je n'ai pas besoin d'avertir de nouveau les fabricans, et notamment les raffineurs de sucre, qu'un droit plus fort les exposeroit à la fraude. Je les invite à se rappeler sans cesse que les prohibitions et les droits excessifs sont une prime en faveur des contrebandiers. Qu'ils n'oublient pas non plus que le système prohibitif ne peut être maintenu que par la terreur des cours prévôtales, et par des lois tyranniques, incompatibles avec la constitution.

Après une année révolue, les droits sur les

marchandises qui y seroient encore assujéties seroient diminués de moitié, et, à l'expiration de la seconde année, la liberté illimitée d'exportation et d'importation sans droits de toutes les denrées et marchandises, seroit consacrée par une loi irrévocable.

Il seroit cependant conservé, à l'extrême frontière, des bureaux d'employés, chargés de maintenir la police des routes, et d'empêcher l'introduction des sels et des tabacs étrangers, tant que ces marchandises seront assujéties à des droits intérieurs en France; mais les employés ne pourroient exercer leur surveillance que dans les deux lieues de l'extrême frontière, comme autrefois. Ces bureaux exigeroient bien moins d'employés que le service actuel des douanes. Il est probable que l'on pourroit en diminuer le nombre des deux tiers, ce qui réduiroit la dépense à sept millions au plus, que le gouvernement retrouveroit amplement dans l'accroissement rapide de la prospérité de l'agriculture et du commerce, qui feroit augmenter toutes les consommations. Celle du sel et du produit des droits qui en résulteroit, suffiroit seule pour acquitter les sept millions employés à la dépense des bureaux conservés aux frontières. La consommation de deux livres de plus par tête (progression foible, si la France étoit heureuse) augmenteroit le droit de près de huit millions.

CHAPITRE XXXVII.

Des Colonies.

—

La découverte de l'Amérique par les Espagnols, au commencement du seizième siècle, est une des époques les plus remarquables dans l'histoire des nations ; elle changea la face de l'Europe.

Les trésors que les Espagnols y trouvèrent ayant procuré à Charles-Quint d'immenses ressources pour l'exécution de ses projets d'agrandissement, excitèrent la jalousie de toutes les puissances de l'Europe, et leur inspirèrent le désir de partager les richesses du Nouveau Monde.

Les Hollandais et les Suédois firent d'abord quelques expéditions. Les Anglais, plus entreprenans que les autres nations, et dont la marine étoit déjà florissante, firent, à la fin du même siècle, dans plusieurs parties de l'Amérique septentrionale, des établissemens considérables, destinés non à l'exploitation des mines d'or et d'argent, qui ne s'y trouvoient pas, mais au défrichement et à la culture des terres, qui ont procuré à leurs colonies des richesses bien plus réelles que celles qu'elles auroient obtenues des mines.

Ces colonies eurent toutes des constitutions plus ou moins rapprochées de celle d'Angleterre. Leur prospérité fut plus ou moins rapide en proportion de la bonté de leur gouvernement; mais leurs progrès furent généralement ralentis par la gêne qu'ils éprouvèrent pour leur commerce extérieur, dont l'Angleterre s'étoit réservé le privilége exclusif.

Leur indépendance, reconnue en 1782, les a affranchies de toute entrave pour leur commerce intérieur et extérieur : toutes les industries y jouissent d'une liberté illimitée. Les terres, pour ne pas décourager la culture, n'ayant encore été chargées d'aucun impôt par le gouvernement fédéral, les revenus de la confédération consistent principalement dans le produit des droits établis sur les marchandises étrangères qui y sont importées ; mais ces droits sont modérés, et il n'existe aucune prohibition ni sur les importations ni sur les exportations. Sous ce régime de liberté, leur prospérité a été tellement rapide, qu'on en chercheroit en vain un second exemple dans les annales du monde. Leur population a triplé en trente ans. Ce fait remarquable sera une preuve de plus à ajouter à tant d'autres, des prodigieux effets de la liberté illimitée du commerce.

Les Anglais établirent d'autres colonies dans les îles du golfe du Mexique, où ils naturalisèrent les riches cultures du sucre, du café, de l'indigo, du coton, etc.

Les Français, qui n'avoient ni les mêmes goûts pour les entreprises maritimes, ni la même habitude de la mer, ni des relations de commerce aussi étendues, et qui étoient accoutumés à tirer toutes leurs ressources de l'agriculture, songèrent assez tard à envoyer des colonies en Amérique. Au commencement du dix-septième siècle, ils formèrent des établissemens au Canada; ils y bâtirent la ville de Quebec en 1608. Ils formèrent encore d'autres établissemens assez foibles dans l'Acadie, au Cap-Breton, à l'île Saint-Jean, et enfin à la Louisiane. Le Canada et ses annexes, conquis par les Anglais pendant la guerre de 1756, leur furent abandonnés à la paix de 1763. La Louisiane, cédée aux Espagnols, puis restituée à la France en 1801, a été vendue en 1803 aux États-Unis d'Amérique, qui l'ont vaiïiamment défendue dans la dernière guerre contre les Anglais.

Les Français possédoient encore dans le golfe du Mexique plusieurs îles, dont les plus considérables étoient Saint - Domingue, la Martinique et la Guadeloupe.

L'activité française et la consommation toujours croissante du sucre et du café avoient porté toutes nos colonies à sucre à un très-haut degré de prospérité. En 1788, les exportations de la France pour les colonies avoient été évaluées à plus de cent dix millions, et leurs importations dans la métropole à près de deux cents. Celle de Saint-Domingue étoit la plus importante : elle étoit la plus riche et la mieux cultivée; elle entroit pour les trois quarts au moins dans ce grand mouvement d'affaires.

Sa perte est pour la France une calamité qui paroît malheureusement irréparable. La conquête qui en a été tentée sans succès en 1802, réussiroit probablement encore moins aujourd'hui; car, outre les causes naturelles qui ont contribué à miner et à détruire l'armée française, telles que l'insalubrité de l'air, la chaleur du climat, la fièvre jaune, la difficulté de se procurer des vivres, l'impossibilité d'atteindre les nègres dans les mornes et dans les montagnes, on auroit bien d'autres obstacles à surmonter.

Les nègres, ayant presque toujours été en guerre les uns contre les autres depuis treize ans, seront nécessairement plus aguerris qu'ils ne l'étoient en 1802 : s'ils sont attaqués, leurs divisions cesseront, et ils se réuniront pour se défendre.

Ils ont à présent perdu toutes les habitudes de l'esclavage; ils ne conservent aucun attachement pour leurs anciens maîtres, et ils ne redoutent rien tant que de retomber sous leur puissance.

On peut croire que l'Angleterre ne souffrira pas tranquillement la conquête d'une île qui proeuroit tant de richesses à la France et tant de débouchés à son industrie. Les nègres auront donc dans les Anglais, ouvertement ou secrètement, de puissans auxiliaires.

Mais, en supposant même la conquête possible, peut-on espérer, lorsqu'elle sera faite, de maintenir la tranquillité du pays et de forcer les nègres au travail sans le secours d'une armée permanente de vingt-cinq à trente mille hommes, qui coûteroit des sommes immenses, très-supérieures aux profits qu'on pourroit tirer de la colonie pendant bien des années?

Les habitans actuels de Saint-Domingue n'étant plus accoutumés aux travaux forcés, on ne pourroit rétablir les anciennes cultures, surtout celles des cannes à sucre, qu'en achetant en Afrique un très-grand nombre d'esclaves. On connoît les intentions et les déclarations du gouvernement anglais sur la traite : on ne peut pas douter qu'il ne s'y oppose de toutes ses forces, et qu'il ne contrarie même les expéditions que les Français pourroient faire à la côte d'Afrique pendant les quatre ans qui restent encore, suivant le Traité de Paris, pour faire le commerce des noirs.

Et comment, par quels moyens les colons, presque tous dénués de ressources, déjà débiteurs envers le commerce de France de plus de quatre cents millions, pourroient-ils se flatter d'obtenir les fonds nécessaires pour acheter des nègres, des

bœufs, des chevaux, des chaudières, des ustensiles, pour faire reconstruire les habitations, les
usines, les moulins, les cases à nègres, qui sont
indispensables pour l'exploitation des sucreries,
des indigoteries, etc. ?

Tant d'obstacles, tant de difficultés à surmonter ne laissent presque aucune chance de succès
aux expéditions militaires qu'on feroit contre
Saint-Domingue.

Il ne reste plus à la France que quelques-unes
de ses colonies, dont les plus considérables sont
la Martinique et la Guadeloupe. Elle les avoit
toutes perdues pendant la dernière guerre, et on
doit s'attendre qu'elle les perdroit encore si la
guerre recommençoit. La supériorité de la marine
anglaise est telle, qu'en cas d'hostilités il nous
seroit impossible non-seulement de porter à
temps des secours à nos colonies menacées par
l'ennemi, mais même de convoyer avec succès
les navires marchands qui y seroient envoyés.

Ce seroit se bercer d'illusions imaginaires que
de croire que la France puisse jamais avoir une
marine égale à celle de l'Angleterre. Sa position
insulaire lui donne un prodigieux avantage ; elle
semble avertir les enfans, dès le plus bas âge, que
la mer est leur élément, et que la navigation est
pour eux un besoin. La capitale et les principales
villes ont des ports de mer toujours couverts d'une
quantité innombrable de navires. Tous les goûts,

toutes les idées, toutes les espérances des pères et des enfans, se tournent vers la mer et vers les voyages de long cours.

Son commerce maritime est alimenté par des colonies nombreuses dans toutes les parties du monde, et par la possession exclusive de l'empire des Indes. Il est exploité par plus de vingt mille navires marchands, montés de quatre cent mille matelots, qui servent à recruter ceux de la marine militaire, forte de cent quarante mille hommes. Cette marine se compose de deux cents vaisseaux de ligne, autant de frégates, et de cinq cents corvettes, bricks, ou autres bâtimens armés.

Tous ces élémens manquent à la France. Sa capitale est éloignée de la mer; ses habitans n'ont aucune idée de tout ce qui a rapport à la marine, à la construction des navires, à la navigation. Les goûts des Français, leurs habitudes, leur intérêt même, comme nation agricole, ne les portent point vers les entreprises maritimes, ni vers le service de mer. Le commerce maritime de la France, dans les temps où il étoit le plus florissant, n'a jamais employé plus de trente mille matelots; celui de ses colonies actuelles n'en peut pas occuper plus de trois mille; elle ne peut donc pas espérer d'avoir jamais un nombre de matelots suffisant pour équiper tout à coup des flottes de quelque importance, et qui puissent lutter avec succès contre celles de l'Angleterre : elle en a fait la triste épreuve depuis la révolution : vouloir forcer nature, c'est tenter l'impossible.

La marine militaire a coûté des milliards depuis Louis XIV, et on pourroit demander à quoi toute cette dépense a servi. Si ces capitaux étoient restés dans nos campagnes, ils y eussent été cent fois plus utiles.

Lorsque ce petit nombre de colonies a été restitué à la France par la paix de Paris, les commerçans ne se sont pas fait illusion; ils ont parfaitement compris que, lors même qu'elle en conserveroit la possession en temps de guerre, leur approvisionnement ne seroit jamais d'une grande importance.

La population blanche et mulâtre libre (1) de toutes les colonies qui nous restent ne peut être estimée au-delà de cinquante mille individus. En portant leur consommation à 1,000 fr. par tête, ce qui est exagéré, elle n'excéderoit pas cinquante millions. Mais, pour apprécier le montant des marchandises que nous pourrons leur fournir, il faut retrancher sur leur consommation toutes les choses qu'ils peuvent se procurer dans la colonie, telles que le logement, la viande de boucherie, les farines, le poisson, la volaille, le

____

(1) On sait que les nègres ne consomment que très-peu de marchandises d'Europe.

sucre, le café, les épiceries, les légumes, les fruits, les bois de chauffage et de construction, enfin les marchandises de toutes espèces qui entrent en contrebande. Tous ces objets réunis forment au moins la moitié de leurs dépenses, et réduiront ainsi à vingt-cinq millions au plus les exportations que la France fera à ses colonies : exportations qui donneront lieu à une importation d'environ quarante millions de denrées dans nos ports. Cette somme, comparée à la masse des productions et des consommations de la France, ne paroîtra d'aucune importance.

Cependant ce commerce, tout foible qu'il soit, ne doit pas être négligé : il peut entretenir trois mille matelots ; il augmentera le mouvement des affaires dans nos ports, qui ont tant de pertes à déplorer ; enfin il accroîtra les débouchés de nos vignobles et de nos fabriques.

Il ne peut y avoir de dissentiment que sur le choix des moyens pour donner à ce commerce toute l'extension possible et une existence durable.

On ne peut s'empêcher de reconnoître que le commerce de la France avec les colonies qui lui restent, ne soit très-précaire, même en temps de paix, et qu'en cas de guerre il ne devienne à peu près nul.

Notre position avec nos colonies ne ressemble en rien à celle de l'Angleterre avec les siennes. Son

immense marine lui assure les moyens de protéger efficacement son commerce dans toutes les
parties du monde, et de défendre avec succès
ses nombreuses colonies. Nous ne pouvons rien
espérer de semblable. Si la guerre éclate, nous
ne pourrons rien fournir à nos colonies sur nos
propres navires, nous ne pourrons en recevoir
aucun retour. Le système prohibitif ne nous
convient donc pas plus pour elles que pour la
métropole. Le système contraire, celui de la liberté illimitée de commerce, leur est plus nécessaire qu'à la France, à cause de leur foiblesse, de leur éloignement et de l'impossibilité
où nous serons, en temps de guerre, de les défendre et de les alimenter. C'est en l'adoptant,
que nous pourrons espérer de continuer à avoir
avec elles, dans tous les temps, des relations mutuellement utiles, et d'éviter ces interruptions
d'affaires si fâcheuses pour toutes les industries,
en temps de guerre.

S'il est vrai pour l'agriculture française que la
liberté illimitée d'exportation encourage au plus
haut degré la production, cette vérité n'est pas
moins incontestable pour l'agriculture de nos
colonies.

Plus elles produiront, plus elles seront riches;
plus elles consommeront de nos marchandises,
plus aussi elles nous fourniront de denrées, soit
par navires français, soit par navires étrangers.

Que l'on se persuade bien qu'elles nous achèteront, et même de préférence, tous les produits de notre sol et de notre industrie qui seront égaux en prix et qualités à ceux des autres nations. Pourquoi ne le feroient-elles pas, puisque tous les peuples de l'Europe et du monde s'adressent à nous pour acheter ces mêmes produits?

Lorsque les Anglais eurent reconnu l'indépendance des États-Unis, ils craignirent de voir diminuer sensiblement le commerce qu'ils faisoient avec eux; mais, à leur grand étonnement, quoique les Américains aient ouvert des relations de commerce avec toutes les nations du monde; quoiqu'ils aient établi un assez grand nombre de manufactures en plusieurs branches d'industrie, les marchés des États-Unis sont encore ceux où les Anglais trouvent leurs principaux débouchés, parce que leurs habitans, d'origine anglaise, ont conservé les mœurs, les usages et les habitudes de l'Angleterre. Les affaires entre les deux nations sont infiniment plus considérables qu'elles ne l'étoient avant l'indépendance de l'Amérique.

Il en sera de même de notre commerce avec nos colonies, si, oubliant nos anciens préjugés, nous avons le courage de leur accorder la liberté (1) de commercer avec toutes les nations.

____

(1) On sait que, dans ces contrées éloignées, la fraude est encore plus active qu'en Europe.

2.   18

Mais, dira-t-on, les Anglais auront part à ce commerce : et que nous importe, pourvu qu'en temps de paix et de guerre nous vendions facilement et à haut prix nos marchandises, et que nous achetions à bon marché celles des autres peuples ? Les suspensions de commerce extérieur en temps de guerre font tant de maux, elles occasionnent une si grande stagnation dans les-affaires intérieures, une telle dépréciation dans les prix, tant de secousses, tant de banqueroutes, qu'on ne devroit pas hésiter un instant à adopter une mesure dont l'effet certain est de prévenir ces calamités.

Ce système auroit encore un autre avantage, nos colonies deviendroient autant de ports francs ouverts à toutes les nations; elles seroient le magasin général de toutes les marchandises de l'Europe et de l'Amérique.

L'adoption de ce système pourroit nous conduire à faire avec l'Angleterre un traité de neutralité pour nos îles, en temps de guerre.

Si cette idée pouvoit se réaliser, le commerce de nos colonies deviendroit , même en temps de paix, beaucoup plus important qu'il ne pourroit l'être en suivant l'ancien système; car il seroit bientôt l'entrepôt d'un grand commerce interlope avec toutes les îles et colonies espagnoles. La paix que les Américains viennent de faire avec l'Angleterre, et les grands événemens qui se préparent dans l'Amérique méridionale, augmenteront encore les relations de commerce de nos colonies, si elles sont parfaitement libres.

Tous ces moyens réunis concourront à diminuer le commerce et les ressources de nos rivaux bien plus efficacement que le système des prohibitions.

Plus la France et les nations de l'Europe et de l'Amérique gagneront en industrie, en commerce, en richesses, plus elles étendront leurs relations dans toutes les parties du monde, moins elles seront dans la dépendance de l'Angleterre.

Plus les Français et les autres peuples de l'Europe recevront de marchandises des deux Indes par les Américains ou par d'autres nations, moins ils en recevront des Anglais.

Il ne s'ensuit pas que nous devions exclure les Anglais de nos marchés, car ce seroit contredire formellement le principe de la liberté illimitée. Le premier de nos intérêts en commerce est de multiplier nos vendeurs et nos acheteurs. Le maintien de ce principe à l'égard des Anglais, même en temps de guerre, est d'autant plus nécessaire, qu'en le violant nous nous exposons à acheter en seconde main les épiceries et les denrées dont, comme propriétaires de l'Inde et de grandes colonies, ils ont le commerce exclusif. Eux seuls aussi peuvent encourager la culture de nos vignobles du midi par le haut prix auquel ils achètent les vins de Bordeaux et les eaux-de-vie de première qualité.

CHAPITRE XXXVIII.

Commerce de France avec les États-Unis d'Amérique.

—

Les propriétaires du petit nombre de colonies qui restent à la France, et les négocians de nos ports de mer ne peuvent pas se dissimuler que la situation de ces colonies est précaire, et que leurs cultures seront bien moins profitables lorsque celles des vastes provinces du sud, appartenant aux États-Unis d'Amérique, les deux Carolines, la Géorgie et la Louisiane, dont les produits sont les mêmes que ceux des Antilles, auront acquis les accroissemens que l'on doit attendre de l'activité de leurs habitans. La révolution qui s'opère dans l'Amérique méridionale peut amener aussi de grands changemens. Si ces contrées immenses, dont plusieurs produisent déjà abondamment du coton, de l'indigo, du sucre, du café et diverses autres matières premières et denrées précieuses, étoient cultivées par des hommes moins opprimés, et devenus d'autant plus industrieux qu'ils seroient soumis à un gouvernement plus juste et plus humain, leurs productions augmenteroient dans une proportion incalculable : les grandes et les petites Antilles ne seroient plus que des points dans cet espace immense, et leurs cultures soutiendroient difficilement une concurrence si redoutable.

Mais le commerce de France, loin de s'en alarmer, ne pourroit que s'en réjouir, puisque ses relations seroient infiniment plus étendues. Dès ce moment tous les ports des États-Unis lui sont ouverts, et lui offrent des ressources inépuisables pour en tirer une multitude de denrées et de matières premières dont nous avons besoin, et pour leur vendre les produits de notre sol et de nos industries, dont la consommation chez eux s'accroîtra de jour en jour.

Nos liaisons de commerce avec les Américains commencèrent aussitôt après qu'ils se furent déclarés indépendans. Les premières expéditions ne furent pas heureuses : la plus grande partie des marchandises qui y furent portées furent mal vendues, parce que les spéculateurs français ne connoissoient pas les espèces et les qualités convenables à la consommation du pays; mais aujourd'hui cette connoissance est parfaitement acquise. Depuis la révolution, la navigation française ayant été interrompue, les Américains sont venus eux-mêmes apporter dans nos ports les produits de leur sol et de leur commerce, et y acheter en échange ceux de notre agriculture et de nos fabriques. Ce commerce réciproque auroit été bien plus considérable pendant la révolution et sous le gouvernement impérial, si, par la plus fausse politique, on ne leur avoit pas fait supporter une multitude d'injustices qui les ont éloignés de nos ports.

Un coup d'œil sur la situation et le gouvernement de ces grandes provinces fera connoître leur importance actuelle, qui ne peut que s'accroître rapidement en suivant la progression des cultures et de la population.

Ces colonies, bornées au nord par le Canada et la Nouvelle-Écosse, et au midi par le golfe du Mexique et par les possessions espagnoles, se prolongent au levant sur une étendue de côtes de six cents à sept cents lieues, et n'ont d'autres limites au couchant que l'Océan pacifique. Elles sont traversées par de grands fleuves qui assurent leurs communications intérieures avec la mer. Elles ont des ports nombreux sur l'Océan atlantique, qui facilitent le commerce immense que leurs habitans font avec toutes les parties du monde. Après les Anglais, les Américains sont aujourd'hui le peuple dont le commerce extérieur soit le plus étendu.

La rapidité avec laquelle leur prospérité a augmenté atteste à la fois la bonté de leurs lois, leur activité, leur industrie et leur intelligence.

Ils ont donné des preuves de leur énergie, de leur courage et de leur patience dans la lutte qu'ils ont soutenue pendant plusieurs années contre l'Angleterre, pour conquérir leur indépendance. Ils ont fait preuve des mêmes talens et de la même énergie dans la nouvelle guerre où ils ont été entraînés pour le maintien de leurs droits maritimes, et qu'ils viennent de terminer glorieusement.

Les premiers établissemens n'ont été faits dans l'Amérique septentrionale que dans les commencemens du dix-septième siècle, d'abord par les Suédois et les Hollandais, à qui les Anglais enlevèrent leurs colonies naissantes, qu'ils gardèrent. Ils en formèrent ensuite plusieurs autres.

L'Angleterre donna à ses colonies ses lois civiles et criminelles, et même la forme du gouvernement qu'elle avoit en Europe : toutes eurent des assemblées coloniales qui correspondoient aux deux chambres du Parlement, et un gouverneur chargé de l'exécution des lois. Les assemblées coloniales proposoient les lois ou discutoient celles qui étoient proposées par le gouvernement : après leur adoption elles étoient sanctionnées par le gouverneur, sauf l'approbation du roi, qui les confirmoit ou les rejetoit.

Les lois d'Angleterre, en garantissant la liberté individuelle et la sécurité parfaite des personnes et des propriétés, sont très-favorables au développement des facultés humaines; elles produisirent en Amérique les mêmes effets qu'en Europe : les hommes et les moyens d'existence multiplièrent avec une égale rapidité. Le dénombrement fait au commencement de la guerre de l'indépendance présentoit un état de population de deux millions et demi d'habitans.

Il n'auroit rien manqué à leur bonheur, s'ils avoient joui de la liberté de commerce avec les nations étrangères; mais la métropole, qui avoit adopté depuis long-temps le système prohibitif dans ses relations avec tous les peuples de l'Europe, le maintenoit plus rigoureusement encore avec ses colonies : elle s'étoit réservé le droit de les fournir exclusivement des marchandises d'Europe et de l'Inde, en échange desquelles elle recevoit leurs bois et les diverses productions de leur sol. Elles restèrent assujéties à ce régime prohibitif jusqu'en 1773. A cette époque, le gouvernement anglais éleva encore d'autres prétentions; il annonça la résolution d'établir diverses taxes sur les Américains sans le concours de leurs assemblées coloniales : il se flattoit qu'il pourroit leur faire supporter une partie des charges de l'Angleterre. Il voulut en faire l'essai en imposant des droits sur les thés, dont la consommation étoit aussi générale en Amérique que dans la métropole. Il donna ordre, en conséquence, à la compagnie des Indes d'y en expédier

plusieurs navires. Les intentions du gouvernement anglais n'échappèrent point à la sagacité des
Américains. Ils prévirent qu'après la taxe sur les
thés, le ministère ne manqueroit pas d'en établir
sur plusieurs autres articles. Ils résolurent donc
d'empêcher que les navires dont la principale
cargaison seroit en thés ne fussent déchargés.
Trois vaisseaux de la compagnie des Indes dont
le chargement ne consistoit qu'en thés, arrivèrent
dans le port de Boston en décembre 1773. Un
grand nombre d'habitans déguisés en Indiens
se rendirent à leur bord, et jetèrent à la mer
toutes les caisses de thés qu'ils y trouvèrent. La
compagnie des Indes éprouva les mêmes traitemens et la même opposition dans les ports des
diverses colonies.

Le gouvernement anglais, irrité de cette résistance, qu'il traita de rébellion, se décida à employer contre ses colonies des mesures de rigueur. Il fit passer au Parlement plusieurs bills
très-sévères contre elles : l'un de ces bills privoit
la colonie de Massachusets'Bay de sa constitution et de ses priviléges.

Ces lois impolitiques augmentèrent au plus
haut degré la fermentation et le mécontentement.
Les Américains, loin d'en être intimidés, n'en
furent que plus obstinés à s'opposer à leur exécution. Il se tint dans toutes les colonies des assemblées provinciales, où il fut proposé les ré-

solutions les plus vigoureuses, et notamment celle
de suspendre tout commerce avec l'Angleterre
jusqu'à ce qu'elle eût renoncé aux taxes qu'elle
avoit imposées, et qu'elle eût révoqué toutes les
lois qu'elle avoit portées contre les colonies.
L'exaspération étant parvenue au comble de part
et d'autre, la guerre devint inévitable. Les hostilités commencèrent en avril 1775, et continuè-
rent avec acharnement pendant plusieurs années,
avec des succès variés.

La France, qui, depuis la déclaration de l'indépendance, avoit aidé les Américains en leur
envoyant des armes, des munitions, de l'argent
et des officiers, se détermina en 1778 à prendre
une part active à cette guerre. L'Espagne et la
Hollande se joignirent à la France. Ces heureuses
circonstances encouragèrent les Américains, et
ils redoublèrent d'efforts pour résister à l'Angleterre.

La France leur ayant envoyé en 1781 un
corps considérable de troupes sous les ordres du
général Rochambeau, il fit sa jonction avec
l'armée du général Washington, et bientôt après,
au mois d'octobre de la même année, les deux
armées forcèrent celle de lord Cornwallis, composée de sept à huit mille hommes, qui s'étoit
renfermée dans Yorck-Town en Virginie, de mettre
bas les armes et de se rendre prisonnière de guerre.
Cette victoire fit perdre aux Anglais tout espoir

de réduire les Américains par la force. La guerre ne fit plus que languir l'année suivante, et la métropole se décida à reconnoître l'indépendance des États-Unis par le traité de paix fait, en 1783, entre toutes les puissances belligérantes.

Depuis cet événement mémorable, la prospérité de l'Amérique a augmenté d'une manière encore plus rapide. On peut dire qu'elle a fait des pas de géant. Non-seulement son agriculture, mais son commerce intérieur, et plus encore son commerce extérieur, ont pris des accroissemens prodigieux, malgré les tracasseries fréquentes, les entraves et les injustices qu'elle a eu à essuyer de la part de l'Angleterre et de la France. Son commerce extérieur s'est étendu dans toutes les parties du monde. Avant les troubles de l'Amérique méridionale, elle y faisoit par interlope un commerce considérable. Ses exportations dans les pays étrangers ont surpassé cent mille piastres en 1806. Sa population a triplé dans l'espace de trente ans : selon le dernier recensement, elle étoit de près de huit millions.

Les Anglais craignoient que l'indépendance de l'Amérique ne leur fît perdre une partie du commerce lucratif qu'ils faisoient avec elle; mais quoique les Américains eussent établi, depuis leur révolution, des relations de commerce avec toutes les parties du monde, leurs mœurs, leurs habitudes et leurs usages, qui avoient tant de rapports avec ceux de la mère patrie, leur ont fait donner constamment à l'Angleterre une préférence marquée pour leurs achats et pour leurs ventes, et les affaires mutuelles sont infiniment plus importantes qu'elles ne l'étoient avant leur indépendance. Les fabriques anglaises n'ont en aucun pays de débouché plus avantageux pour leurs marchandises. Malgré cette réciprocité d'intérêts et de liaisons de commerce, les points de contact que les États-Unis ont avec l'Angleterre pour le Canada, la Nouvelle-Écosse et la pêche de Terre-Neuve, la jalousie que les Anglais ont contre eux pour l'extension qu'ils ont donnée à leur navigation et à leur commerce extérieur, exposera les deux nations à de fréquentes querelles, qui les empêcheront toujours de vivre en parfaite intelligence.

Lors de la paix de 1783, la Confédération américaine étoit composée de treize états, ils sont maintenant au nombre dix-neuf; il y a en outre plusieurs grands établissemens qui ont commencé à se former à l'ouest, depuis l'état de New-Yorck jusqu'à la Louisiane, dont l'indépendance sera reconnue par le Congrès, et qui feront partie de la confédération, lorsque leur population sera suffisante pour former des gouvernemens particuliers.

Cet accroissement de prospérité, dont il n'y a pas d'exemple dans l'histoire moderne, est dû à

l'excellence des lois qui régissent ces divers gouvernemens, et qu'ils se sont efforcés de perfectionner depuis leur indépendance. Toutes leurs
institutions tendent à augmenter le bonheur des
hommes, à étendre leurs lumières et leurs connoissances par une instruction solide, et à assurer
la défense de toutes leurs provinces contre les
attaques des nations étrangères. Tous les hommes
en état de porter les armes, de seize à soixante ans,
font partie de la milice, et sont obligés de s'armer
et de s'équiper à leurs frais. Nous les avons vus,
dans la dernière guerre, voler avec empressement
à la défense de leur pays, dans tous les lieux où
il étoit menacé par l'ennemi.

Lorsqu'il se forme de nouveaux établissemens
dans une contrée qui n'est pas encore habitée,
soixante familles suffisent pour composer une
paroisse, pourvu qu'elles s'obligent de bâtir une
église et une école, et d'assurer un fonds suffisant
pour l'entretien d'un prêtre et d'un maître d'é-
cole.

Les pères ont soin de faire connoître à leurs
enfans, dès le plus bas âge, les lois bienfaisantes
sous lesquelles ils ont le bonheur de vivre; ils
leur apprennent à les aimer, à les respecter et à
s'y conformer.

Une semblable méthode, pratiquée en France
pour l'Acte constitutionnel dans les familles et
dans les écoles, produiroit les plus heureux chan-

gemens sur l'esprit des habitans des campagnes pour détruire leurs préventions, et pour leur inspirer un attachement raisonné pour la patrie et pour le roi.

Les qualités qui distinguent principalement les habitans des États-Unis sont leur attachement à leur constitution, leur dévouement à leur pays, leur activité, leur habileté dans tous les genres d'industrie. L'esprit public est en Amérique à un plus haut degré encore qu'en Angleterre.

Toutes les cultures de l'Europe y sont connues et pratiquées avec succès, à l'exception de celle de la vigne qu'on a cherchée à y naturaliser, mais qui jusqu'à présent a peu réussi. Elle possède en outre dans ses provinces méridionales les riches cultures du coton, de l'indigo, du sucre et du café. Toutes les races des animaux domestiques y ont prospéré, et s'y sont multipliées à l'infini.

Malgré le haut prix de la main-d'œuvre, il s'est établi depuis long-temps plusieurs fabriques importantes dans les états du nord. Le nombre en a beaucoup augmenté sur ces derniers temps, pendant la guerre que l'Amérique a soutenue contre l'Angleterre. Il s'est élevé à Rhode-Island et à New-Yorck une multitude de filatures de coton, et plusieurs fabriques de draperies et de cotonnades, qui vendent leurs produits en concurrence avec les mêmes marchandises venant d'Europe. Mais elles sont loin de pouvoir suffire aux besoins du pays, et les États-Unis recevront encore pendant long-temps des marchandises provenant des fabriques étrangères.

L'augmentation progressive de la population et des richesses des États-Unis ne peut manquer d'accroître de plus en plus leurs relations commerciales, et de les rendre très-intéressantes pour toutes les nations qui correspondront avec eux. La France peut espérer d'y avoir une part considérable, si elle a le bon esprit, non-seulement de révoquer toutes les lois impolitiques portées contre eux par le Directoire et par le gouvernement impérial, et qui, à cause de leur extrême injustice, ne peuvent subsister, mais encore de leur accorder dans ses ports les mêmes facilités et les mêmes faveurs qu'aux commerçans français : mesure dont je crois avoir démontré la nécessité pour l'intérêt national.

Les produits du sol des États-Unis sont variés suivant leurs différens climats.

Ceux des états du nord sont les bois de construction, les pelleteries, les fourrures, le goudron, la morue, les poissons secs et salés, l'huile de baleine, la potasse et la perlasse.

Ceux des états du centre sont les blés, les farines, les salaisons en viande et en poisson, les tabacs.

Ceux des états du midi consistent en riz, coton, indigo, sucre et café.

Les états du nord et ceux du centre réexportent en outre une grande quantité de denrées et de marchandises provenant de leur commerce extérieur avec tous les pays du monde. Ainsi, les États-Unis peuvent fournir à la France, en concurrence avec les Anglais, une grande partie des matières premières et des denrées coloniales dont elle a besoin, notamment l'indigo et les cotons des Carolines et de la Georgie, qui sont très-estimés. Leurs navires parcourent toutes les mers de l'Inde ; ils vont jusqu'en Chine acheter avec des fourrures et des piastres le thé, dont ils font une grande consommation. Ils pourroient ainsi, en temps de guerre, nous approvisionner de toutes les denrées et de toutes les matières premières des deux Mondes nécessaires à notre consommation, nous préserver de toute interruption de commerce extérieur, et nous assurer la continuation de nos importations et de nos exportations.

On a manifesté des craintes en Europe et même en Amérique sur la stabilité de cette grande et respectable confédération ; on a avancé que tant de gouvernemens dont les habitans sont répandus sur un si vaste territoire et dans des climats si différens, dont les mœurs et les habitudes sont si variées, ne pourroient pas s'accor-

der, et que leurs divisions ameneroient nécessairement une scission entre les états du nord, ceux
du centre et du midi.

Ces craintes ne se sont pas réalisées. Il y a à
présent plus de quarante ans que ces états se sont
confédérés, et l'on ne voit pas que dans cet espace de temps il se soit élevé des divisions sé-
rieuses entre les gouvernemens limitrophes. La
même tranquillité a existé entre les citoyens de
toutes les professions dans ces divers états; il n'y
a eu ni révolte, ni commotion dangereuse dans
aucun d'eux. Il n'y a peut-être pas une seule nation en Europe où la tranquillité publique ait été
moins troublée. Lorsqu'ils ont été menacés d'une
guerre avec l'Angleterre, l'union entre les citoyens et l'intelligence entre les états ont été
parfaites; tous ont rivalisé d'efforts pour la défense commune.

La liberté et les droits des citoyens y sont bien
plus sagement réglés qu'ils ne l'étoient en Grèce
ou en Italie, où, faute d'en avoir fixé aussi exactement les limites, les nobles et le peuple, continuellement divisés entre eux, étoient chaque jour
prêts à s'entre-déchirer pour défendre leurs priviléges et leurs intérêts respectifs; ce qui occasionna tant de séditions et de révolutions dans
les républiques grecques, à Rome et dans toute
l'Italie. La perfection des constitutions améri-
caines préservera probablement encore long-

2.

temps leurs gouvernemens de ces commotions funestes. Mais, en supposant même qu'il éclatât des sujets de querelles graves entre eux, et qu'elles se terminassent par la séparation des divers états de la Confédération ; lors même que cet avenir, probablement encore très-éloigné, se réaliseroit, et que les gouvernemens actuels se diviseroient en deux ou trois confédérations, ces nouvelles combinaisons n'influeroient en rien sur l'organisation, la constitution, les lois, l'agriculture et l'industrie de chacun des états particuliers, qui conserveroient toutes leurs anciennes habitudes. Ils ne renonceroient certainement pas à d'excellentes lois pour en prendre de mauvaises. La liberté individuelle, la sécurité des personnes et des propriétés, et tous les priviléges des citoyens, continueroient à être respectés et protégés par les autorités publiques. Il n'y auroit donc aucune cause qui pût arrêter la progression toujours croissante de la population, des cultures, des consommations et du commerce intérieur ; les effets de la guerre même, s'il en survenoit entre les nouvelles confédérations, ne seroient que momentanés : ainsi leurs relations de commerce avec les diverses nations étrangères et avec la France n'en souffriroient en aucune manière.

A ces considérations se joint celle de la politique. Les États-Unis sont à l'égard de l'Angleterre dans la même situation que la France ;

ils seront, par leur voisinage du Canada et par jalousie de commerce, éternellement rivaux de l'Angleterre. Notre intérêt est donc de suivre la même conduite politique que les Américains, et de resserrer de plus en plus les liens d'amitié et de commerce que nous avions contractés lors de leur indépendance.

On peut croire qu'il viendra un temps où les accroissemens de la population en France excéderont ceux des productions; mais alors nos liaisons politiques et commerciales avec les États-Unis nous assureront les moyens d'exporter et de placer avantageusement pour nos intérêts le trop plein de cette population. Ces relations d'amitié, et la conformité de nos institutions, faciliteront les conventions à faire entre les deux gouvernemens pour l'établissement de colonies françaises dans les parties non encore défrichées de leur immense territoire. Ces colonies, toujours amies de la France, conserveront ses mœurs et ses usages, et contribueront à propager de plus en plus en Amérique le goût des produits de notre sol et de nos manufactures.

Tous ces motifs réunis doivent convaincre le ministère français que les États-Unis d'Amérique sont la puissance dont la France doit cultiver le plus soigneusement l'amitié, et avec laquelle elle doit spécialement désirer de vivre toujours en paix et en bonne intelligence,

CHAPITRE XXXIX.

Du Commerce de France avec les colonies espagnoles et avec le Brésil.

—

Le commerce des colonies espagnoles de l'Amérique peut aussi devenir un jour d'une grande importance pour la France. Le gouvernement espagnol a depuis long-temps adopté pour la métropole et pour ses colonies un régime prohibitif très-sévère. Si, par ces rigueurs, il avoit eu l'intention de favoriser l'établissement des grandes manufactures perfectionnées dans les pays de sa domination, son but n'auroit pas été rempli, car il existe très-peu de ces grandes manufactures en Espagne : ce qui prouve sans réplique combien l'opinion des partisans de ce système est erronnée. Cependant le gouvernement ne s'en est pas moins réservé le droit exclusif de fournir aux habitans de ses possessions en Amérique toutes les marchandises provenant des fabriques d'Europe dont ils auroient besoin ; elle les recevoit, pour sa consommation intérieure et pour celle de ses colonies, des peuples dont les fabriques étoient plus parfaites que les siennes. Les Anglais, les Français, les Allemands, les Suisses et les Italiens, participoient à ces fournitures ; mais il falloit que toutes les marchandises fussent adressées en Espagne, à des maisons espagnoles, qui les expédioient à leurs correspondans en Amérique, par des flottes qui partoient des ports de la métropole à des époques fixes, et y faisoient leurs retours annuellement avec la même régularité. Les retours consistoient principalement en espèces et en matières d'or et d'argent, dont il ne restoit que la moindre partie en Espagne : tout le reste étoit employé à solder les envois qui avoient été faits par les diverses nations de l'Europe. La part de la France dans ce commerce a toujours été considérable, et la perfection actuelle de ses manufactures lui donne l'assurance qu'elle ne sera pas moindre à l'avenir.

L'insurrection qui a éclaté dans les principales provinces a suspendu la plus grande partie des expéditions qui s'y faisoient avec tant de régularité. L'Angleterre et les États-Unis d'Amérique se sont presque entièrement emparés de ce grand commerce, et les efforts de l'Espagne ne les empêcheront pas de le conserver jusqu'à ce que la guerre soit terminée, et que le sort de ces vastes colonies ait été fixé. Quelle que soit la destinée qui leur est réservée, il seroit difficile que les formes de gouvernement qui y seront établies soient plus défectueuses que celles qui les régissent aujourd'hui.

Ces colonies ne sont, pour l'Espagne et pour les administrateurs qu'elle y envoie, que de vastes domaines que les naturels du pays, de différentes castes, sont chargés d'exploiter au profit du roi, des gouverneurs et de leurs agens. Ces derniers ne devant séjourner dans le pays qu'un petit nombre d'années, se hâtent d'y amasser de grandes richesses, sans s'inquiéter du sort des habitans, que leurs subalternes accablent de redevances, de charges et de vexations.

L'Espagne possède en Amérique plusieurs îles, dont les plus considérables sont Porto-Rico, Cuba, la plus vaste et la plus fertile des Antilles, mais mal cultivée, et Saint-Domingue, dont les deux tiers seulement lui appartiennent. Ses possessions sur le continent de l'Amérique sont tout autrement importantes.

Elle a dans l'Amérique septentrionale les Florides, le nouveau Mexique, qui comprend la Californie et le vieux Mexique, ou la Nouvelle-Espagne. Cette dernière province est de toutes les possessions espagnoles la plus peuplée, la mieux cultivée, la plus riche en métaux précieux, et la plus florissante.

Ses possessions dans l'Amérique méridionale sont la Terre-Ferme, le pays des Amazones, le Paraguay ou la Plata, le Pérou et le Chili.

Ces vastes contrées, courbées sous le joug de la plus dure oppression, sont loin d'être parvenues au degré de population, de culture et d'industrie où elles doivent arriver un jour. Cependant elles fournissent déjà au commerce des produits d'une grande importance en coton, sucre, cacao, cochenille, quinquina, bois de teinture, cuirs verts et métaux précieux. Leurs mines d'or et d'argent, loin de s'épuiser et d'éprouver une diminution, comme on l'affirmoit en Europe, paroissent augmenter de plus en plus leurs produits. On n'y voit pas encore de grandes manufactures; il y a quelques fabriques grossières de cuirs, de cotonnades et autres, en petit nombre.

Le gouvernement espagnol, qui a fait si peu d'efforts pour encourager les diverses industries de la métropole, s'est montré plus indifférent encore pour celles de ses immenses colonies. Défiant et soupçonneux à l'égard des naturels du pays, il ne leur accorde aucune confiance; ils n'ont aucune part dans le gouvernement : tous les emplois supérieurs sont réservés aux Espagnols nés en Europe. Les Créoles, quoique originaires d'Espagne, ne peuvent prétendre qu'aux places subalternes. La méfiance du gouvernement espagnol est plus grande encore à l'égard des gouverneurs et des agens principaux qu'il envoie dans ces provinces. La durée de leur administration est bornée à un petit nombre d'années, après lesquelles ils sont rappelés en Europe. Il est sensible que presque tous ces administrateurs doivent s'efforcer d'employer un si court espace de temps à s'enrichir eux et leurs créatures, et qu'ils doivent s'occuper bien plus à soigner leurs intérêts que ceux des malheureux habitans, dont ils convoitent les dépouilles. Lorsqu'ils reviennent en Europe, ils ont à peine eu le temps de prendre des connoissances suffisantes sur les ressources, la culture et l'industrie des pays dont le gouvernement leur étoit confié, et où ils ont séjourné trop peu de temps pour remédier aux vexations, aux abus et à tous les genres d'oppressions qui en font gémir les habitans. Il ne faut donc pas s'étonner si toutes les industries languissent dans ces belles contrées, que la nature a comblées de ses faveurs; plusieurs autres causes y contribuent encore :

1°. Les préjugés invétérés, et les divisions qui existent entre les différentes castes d'hommes qui en composent la population. Espagnols, créoles, mulâtres, nègres et Indiens, tous ont pris à tâche d'établir entre eux des nuances distinctives et des lignes de démarcation humiliantes;

2°. La paresse, naturelle aux Espagnols et aux peuples soumis à leur domination, augmentée encore par la chaleur excessive du climat en plusieurs provinces des deux Amériques;

3°. Le nombre des prêtres, des moines et des religieuses, dont les richesses excèdent le quart des revenus du pays, ce qui les a fait multiplier au point qu'on estime qu'ils forment le cinquième des habitans libres.

Toutes ces causes réunies ont retardé les progrès de la prospérité des colonies espagnoles. Les injustices des gouverneurs et de leurs agens ; les mépris qu'ils affectent pour les naturels du pays, et tous les genres de vexations qu'ils faisoient peser sur eux, les ont tellement exaspérés, qu'ils se sont insurgés dans plusieurs grands gouvernemens, notamment dans ceux de l'ancien Mexique, du Paraguay et du Pérou. Ils ont profité des embarras où se trouvoit la métropole pendant les six ans de guerre qu'elle a eu à soutenir contre la France, pour lever l'étendard de la révolte. Les gouverneurs ont fait tous leurs efforts pour étouffer la rébellion ; mais, étant peu secondés par le gouvernement espagnol, ils n'ont eu que de foibles succès. Il s'en faut cependant beaucoup que les insurgés aient employé les mesures de vigueur, de sagesse et de prévoyance que les États-Unis avoient déployées lors de la guerre qu'ils firent aux Anglais pour conquérir leur indépendance. La civilisation est aussi bien moins avancée dans les colonies espagnoles ; elles n'ont pas les mêmes ressources en cultures, en industrie, en munitions de guerre ; l'insurrection n'a pas été aussi générale : elle a été comprimée dans les deux villes principales, Mexico et Lima ; mais elle a éclaté avec fureur à Buenos-Ayres. L'étendue et l'éloignement des diverses provinces ne leur a pas permis d'agir de concert, et de former une confédération générale. Il s'est établi des gouvernemens séparés, dont les bases ne sont pas encore fixées. Les colonies anglaises avoient, sous ce point de vue, de grands avantages ; elles avoient toutes des constitutions et des lois très-sages, auxquelles les habitans étoient attachés dès leur enfance, et qui n'avoient besoin que d'être perfectionnées. Aussitôt après la déclaration de leur indépendance, les différens états ont marché d'un pas ferme et régulier vers le but qu'ils vouloient atteindre. Tous les actes du gouvernement fédéral furent marqués au coin de la justice et de la raison ; ils furent dans le temps généralement admirés en Europe. On a d'autant plus applaudi à leurs succès, qu'ils n'ont pas été souillés par des violences et par des crimes.

L'Amérique espagnole n'a pas les mêmes avantages. Elle ne connoît d'autre gouvernement que celui du despotisme et des actes arbitraires exercés par ses gouverneurs ; et c'est aussi par des actes de violence et par des massacres que les chefs des insurgés, dans les différentes provinces, ont cherché à assurer leur indépendance. Les Espagnols ont employé les mêmes moyens pour se défendre et pour réduire les rebelles. L'acharnement a été porté de part et d'autre aux derniers excès, et il s'est commis des deux côtés d'horribles cruautés.

Cependant, si les insurgés espagnols n'ont pas montré pour le soutien de leur cause la même sagesse et la même énergie qui ont si bien réussi aux habitans des États-Unis, il est également certain que le gouvernement espagnol est hors d'état d'employer contre eux les puissans moyens dont les Anglais pouvoient se servir pour réduire leurs colonies. Ainsi, la défense étant bien plus foible que l'attaque, il y a lieu de croire que la cause des insurgés, dont les griefs contre la métropole sont d'ailleurs très-graves, finira par triompher.

Il paroît que ceux de l'ancien Mexique ont adopté une forme de gouvernement qui se rapproche de celle des États-Unis : c'est ce qu'ils pouvoient faire de plus sage. L'intérêt bien entendu des autres provinces sera d'imiter leur exemple.

On ne peut pas douter que ces nouveaux gouvernemens ne s'empressent d'établir des lois et des formes d'administration plus justes et plus humaines, de concilier tous les partis, de réunir toutes les castes, d'effacer tous les préjugés, d'encourager toutes les cultures, et d'ouvrir leurs ports à toutes les nations. Cette dernière mesure a déjà été adoptée par les insurgés pour les ports dont ils sont les maîtres.

Cette nouvelle leçon sera-t-elle perdue pour les souverains? Ne comprendront-ils pas que la justice et la raison doivent être les seules règles de leur conduite? Tous, en montant sur le trône, promettent de ne régner que pour le bonheur des peuples, presque tous le désirent sincèrement; mais bientôt les flatteries des courtisans leur font oublier leurs promesses. La principale occupation de ces fléaux des nations est de s'emparer de l'esprit du monarque, de se partager les faveurs et les dignités, et d'empêcher soigneusement la vérité d'arriver jusqu'au trône. Leur conduite et leur langage ont été les mêmes dans tous les siècles; toujours ils se sont efforcés de persuader aux princes que le peuple étoit heureux, lorsqu'eux-mêmes étoient gorgés des biens dont ils l'avoient dépouillé.

Il est difficile de croire que les rois d'Espagne, malgré les soins employés pour étouffer les plaintes et leur cacher la vérité, n'aient pas été quelquefois avertis des injustices et des concussions exercées dans les colonies, qu'ils n'aient eu la pensée d'en punir les auteurs, et de prévenir par de sages règlemens le renouvellement des malversations. Mais cette résolution salutaire aura été combattue par les ministres et par les courtisans, zélés défenseurs des grands coupables. Ils auront dit aux princes que leur punition seroit d'une dangereuse conséquence pour le gouvernement, qui sembleroit fléchir devant la multitude ; que les mesures sévères et vigoureuses étoient nécessaires, dans ces contrées éloignées, pour contenir des peuples ignorans et abrutis, qu'on ne pouvoit gouverner que par la terreur. Ces conseils machiavéliques ont été fidèlement suivis par le ministère espagnol, depuis la conquête de l'Amérique : aujourd'hui il ne peut plus dissimuler à la nation et au roi que la continuation, non interrompue pendant trois siècles, de l'oppression et des abus d'autorité ne soit la cause unique de l'insurrection presque générale de ces riches provinces, dont la conservation eût été si importante pour la métropole.

Jusqu'à la fin de cette lutte sanglante, le commerce que les Français et les autres peuples pourroient faire dans les colonies espagnoles sera précaire, exposé à plusieurs dangers et à des pertes ; mais il peut devenir un jour d'une importance majeure. La prospérité de ces immenses contrées est très-loin du degré où elle peut arriver par la suite. Si les gouvernemens qui s'y établiront sont dirigés par les principes de sagesse qui distinguent si éminemment les États-Unis d'Amérique, qu'ils ont pris pour modèles ; s'ils ont le bon esprit d'adopter promptement des lois justes, favorables aux classes laborieuses, et d'accueillir tous les étrangers qui viendront se fixer chez eux, leur population, leur agriculture et leur industrie, s'accroîtront aussi rapidement que dans l'Amérique septentrionale ; et l'humanité pourra s'applaudir d'un nouvel asile offert aux Européens opprimés ou maltraités par la fortune, dans un pays sagement gouverné, où les hommes actifs et industrieux trouveront de grandes ressources.

La population de toutes les possessions espagnoles dans le continent américain est évaluée à dix ou douze millions, dont les neuf dixièmes sont mulâtres, nègres ou Indiens. Leurs consommations en marchandises d'Europe sont inconnues; mais elles doivent être très-fortes, puisque les Anglais, dans une année, en ont porté pour huit à dix millions sterlings à Buenos-Ayres seulement, d'où elles auront été sans doute répandues dans les diverses provinces du Paraguay et du Pérou. La consommation de l'ancien Mexique, dont la population est de sept à huit millions d'habitans, doit être tout autrement importante. Cette grande province, sagement gouvernée, seroit une mine inépuisable de richesses pour les habitans du pays et pour toutes les nations commerçantes.

Si la révolution des colonies espagnoles se consomme, l'Espagne en éprouvera certainement de très-grands dommages, et ses ressources en seront fortement diminuées. Elle lui sera cependant avantageuse sous un point de vue, celui de la réveiller de la léthargie où elle est plongée, et de forcer son gouvernement à s'occuper enfin des moyens d'encourager par de bonnes lois la culture des terres et tous les genres d'industrie.

Commerce du Brésil.

Le Brésil mérite aussi l'attention du gouvernement et des commerçans français. Le commerce de cette colonie étoit, comme celui de l'Amérique espagnole, régi par les principes du système prohibitif. Son exploitation étoit exclusivement réservée à des maisons portugaises. Les expéditions se faisoient, comme en Espagne, par des flottes qui partoient annuellement à des époques fixes. L'une étoit destinée pour Fernanbouc, l'autre pour Rio-Janeiro, et la troisième pour Saint-Salvador. Les produits de l'industrie portugaise n'y entroient que pour des sommes très-foibles ; l'Angleterre y étoit la plus intéressée de toutes les nations de l'Europe, cependant la France y participoit aussi dans une assez forte proportion.

Le Brésil peut devenir un jour un vaste empire. Sa longueur est de plus de huit cents lieues, sur une largeur de deux cents. Il est borné, au nord, par la rivière des Amazones, à l'est par l'Océan atlantique, au sud et à l'ouest par le Paraguay et par une chaîne de montagnes.

Son sol est généralement fertile. Il produit du

coton qui est très-estimé, du sucre, du tabac, de l'indigo, des cuirs verts et des bois de teinture. Il s'y trouve des mines riches et abondantes d'or, d'argent et de diamans, dont les produits, année commune, sont de quinze à dix-huit millions de piastres. Les principales cultures de l'Europe y avoient été introduites, et elles y avoient eu assez de succès pour fournir aux besoins des habitans; mais les cultures plus précieuses et plus lucratives du coton, du sucre et de l'indigo, et l'exploitation plus avantageuse des mines, ont fait presque entièrement abandonner la culture des plantes céréales d'Europe. Le Brésil est obligé d'avoir recours aux nations d'Europe, et principalement aux États-Unis, pour se procurer les grains et les farines nécessaires à sa consommation.

Les cultures du Brésil augmentent tous les ans, par la facilité que les Portugais ont de se fournir d'esclaves à bon marché dans les colonies et dans les comptoirs qu'ils possèdent depuis long-temps sur les côtes d'Afrique. Cette ressource pourroit leur manquer, si les Anglais exécutent la résolution qu'ils ont prise et annoncée à l'univers, de s'opposer à ce qu'aucune nation ne continuât à faire la traite des nègres. Il seroit possible qu'étant aussi fortement intéressés à la prospérité des cultures du Brésil, ils se relâchassent de leur résolution, pendant plusieurs années, en faveur des Portugais.

Le prince régent de Portugal, ayant quitté le royaume avec sa famille lorsqu'il le vit menacé de l'invasion des Français, a établi sa résidence au Brésil, où il paroît se plaire, puisqu'il a refusé de se rendre aux sollicitations des Anglais, qui l'invitoient à revenir en Europe. Il seroit désirable pour les habitans du pays qu'il continuât à résider parmi eux ; car, pour augmenter les ressources de cette grande colonie et pour améliorer ses finances, il sera intéressé à encourager tous les travaux et toutes les cultures. Si les colonies espagnoles parvenoient à secouer le joug de leur métropole et à assurer leur indépendance, ce seroit un exemple dangereux pour les habitans du Brésil, que la présence du prince contiendra dans le devoir. Cette considération doit le déterminer encore davantage à y prolonger sa résidence pendant plusieurs années ; mais cette résolution sera nuisible au Portugal, qui sera privé d'une forte partie du commerce d'importation et d'exportation qu'il faisoit exclusivement au Brésil. Déjà le prince a ouvert les ports de la colonie aux nations étrangères, à la charge de payer des droits d'entrée et de sortie, dont les produits sont destinés sans doute à subvenir aux dépenses publiques et à celles de sa maison ; mais si ces droits sont de vingt-quatre pour cent, comme on le dit, ils sont trop élevés. La contrebande, facile dans un pays dont les côtes sont aussi étendues, le privera certainement d'une forte partie du produit. Ces droits à l'exportation des produits du sol seront décourageans pour les producteurs, qui seront o r c és de niveler leurs prix avec ceux des mêmes marchandises provenant des colonies espagnoles, hollandaises, et des États de l'Amérique septentrionale, qui seront chargées de droits plus foibles, ou qui en seront totalement exempts : en sorte que les droits d'exportation retomberont réellement sur les planteurs du Brésil, dont ils diminueront les profits.

Les relations anciennes de l'Angleterre avec le Portugal, et les traités existans entre les deux puissances, donnent aux Anglais une prépondérance marquée sur le commerce du Brésil. Cependant les Français peuvent espérer aussi d'y établir des relations importantes, soit directement en temps de paix par leurs propres navires, soit indirectement en temps de guerre par ceux des Hollandais, des Américains, et des autres nations neutres. Il seroit plus désirable encore que nos relations directes fussent continuées même en temps de guerre ; mais tant que l'Angleterre maintiendra son système maritime actuel, et qu'elle emploiera les mesures qu'elle a adoptées dans les dernières guerres, il sera impossible à la France de continuer, en temps de guerre, ses relations directes avec aucun peuple ; et c'est ce qui doit lui faire désirer l'adoption d'un nouveau système maritime, commun à toutes les nations.

CHAPITRE XL.

Code maritime commun à toutes les nations.

—

Tous les rois et tous les peuples anciens et modernes, après avoir acquis, par des succès sur terre ou sur mer, une supériorité décidée sur leurs voisins, ont abusé de leur puissance. Les Perses, les Grecs, les Macédoniens, les Carthaginois et les Romains, dans les temps anciens ; les Français sous Charlemagne, sous Louis XIV, et récemment sous Bonaparte ; les Vénitiens, les Espagnols, et enfin les Anglais, dans les temps modernes, confirment cette triste vérité. Les Anglais auroient dû en être détournés par la sagesse de leurs institutions, très-supérieures à celles des nations que l'on vient de nommer ; car s'ils reconnoissent pour eux-mêmes le principe qui veut qu'une loi ne soit obligatoire pour les sujets que lorsqu'elle a été consentie par eux ou par leurs représentans, le maintien de ce principe est bien autrement important pour les nations que

20.

pour les individus. Il seroit souverainement in-juste que le peuple le plus puissant s'arrogeât le droit d'imposer des lois au peuple le plus foible, sans son consentement.

Lorsque Bonaparte a voulu étendre sa domi-nation sur plusieurs des nations de l'Europe et les assujétir à ses lois, tous les souverains, vic-times de cet abus de puissance, ont frémi d'indi-gnation. L'Angleterre leur a donné le signal de la résistance, tous se sont justement lignés contre lui, et ils sont parvenus à l'écraser. Cependant les Anglais n'ont-ils pas aussi de graves reproches à se faire ? Je ne parlerai pas ici de leurs conquêtes dans l'Inde, et des pays immenses qu'ils ont an-nexés à leur empire depuis soixante ans ; mais il est notoire qu'ils ont fait de leur puissance sur mer un abus tel, qu'il a excité les plaintes et les réclamations de tous les peuples de l'Europe, qui deux fois ont fait contre eux des traités de neu-tralité armée, et qu'il a été cause de leur dernière guerre avec les États-Unis d'Amérique.

Non-seulement ils ont continué de pratiquer l'usage barbare de capturer les vaisseaux ennemis rencontrés en mer, et de visiter tous ceux des na-tions neutres, mais ils ont donné à leur système maritime une nouvelle extension, en déclarant bloqués tous les ports de la nation ennemie, quoi-qu'ils n'eussent devant eux ni escadres, ni vais-seaux armés en guerre. Ils ont en outre imposé aux neutres les lois les plus dures, et notamment celle de relâcher dans les ports d'Angleterre avant de se rendre à leur destination.

Ces excès et ces prétentions anciennes et nouvelles sont certainement contraires aux droits des nations et à toute justice; ils ont été blâmés, même en Angleterre. Le degré de civilisation où l'Europe est parvenue l'avertit de s'occuper enfin des moyens de mettre des bornes à tous les abus de puissance sur mer, et de régler les droits maritimes par un code général commun à toutes les nations. Les Anglais, fidèles aux principes de leur constitution, à laquelle ils doivent leur gloire et leur grandeur, et qui leur prescrit de ne jamais s'écarter des règles éternelles de la justice, ne peuvent pas s'y refuser; ils sont même intéressés plus qu'aucune autre nation à l'adoption de cette loi commune, puisqu'elle légitimera leur prépondérance maritime, dont elle fixera les justes limites, qui ne pourront plus lui être contestées.

L'époque actuelle est une des plus favorables que l'on pût choisir, et celle où les négociateurs pourroient le plus facilement s'entendre pour l'établissement d'un code maritime universel, dont les dispositions libérales pussent concilier toutes les prétentions et garantir les droits de tous les peuples.

Les ministres du roi rendroient un service si-

gnalé à la France et à l'humanité, s'ils pouvoient
déterminer les grandes puissances à s'occuper de
cette importante négociation et en accélérer la
décision.

Les intérêts des princes sur le continent de
l'Europe et ceux de leurs sujets, les limites de
leurs états et leur influence sur les affaires générales, ont été réglés au Congrès de Vienne; mais
les grandes questions maritimes, qui déjà ont occasionné plusieurs guerres, et qui sont aussi
pour tous les peuples d'une importance majeure, sont restées indécises. Les principales puissances qui ont le plus influé sur les résolutions
du Congrès, y sont toutes plus ou moins intéressées. Il seroit glorieux pour elles d'achever le
grand ouvrage de la pacification de l'Europe,
par l'adoption d'un code maritime commun à
tous les peuples civilisés, qui est désiré depuis
si long-temps. Ce dernier acte de puissance et de
justice mettroit le comble à leur gloire.

La publication d'une loi maritime universelle
seroit reçue avec enthousiasme dans les ports de
France; elle préserveroit les négocians qui s'occupent du commerce extérieur, et leurs nombreux
correspondans dans l'intérieur, des secousses, des
crises et des bouleversemens de fortunes que les
guerres maritimes y ont toujours occasionnés.
Mais en attendant que cet événement, peut-être
encore éloigné, soit réalisé, le pouvoir législatif

a heureusement à sa disposition tous les moyens nécessaires pour consolider et accroître la prospérité intérieure de la France, moyens qui sont entièrement indépendans de toute influence étrangère.

CHAPITRE XLI.

De la possibilité de se passer des impôts indirects les plus onéreux.

—

J'ai proposé, dans le cours de cet ouvrage, plusieurs idées et différens moyens qui m'ont paru les plus propres à encourager l'agriculture, les manufactures et le commerce. J'ai signalé les impôts les plus nuisibles aux classes laborieuses, et dont l'effet étoit de retarder le développement de leur activité et de leurs efforts. Je vais essayer de prouver que le trésor public pourroit se passer, si ce n'est en 1815 et 1816, du moins dans les années suivantes, des impôts indirects qui leur sont les plus onéreux.

C'est avec une grande défiance de moi-même que je vais traiter, ou plutôt effleurer une matière aussi délicate; je m'estimerai heureux, si les observations que je vais présenter peuvent faire naître des idées plus utiles à ceux que la nation a chargés immédiatement du soin de ses intérêts.

Je ne cesserai de le répéter, c'est dans la France que nous devons chercher désormais nos plus grandes ressources; c'est dans ses fertiles campagnes que nous trouverons des trésors qui nous serviront à acheter ceux des deux Mondes, et des richesses suffisantes pour subvenir aux dépenses des peuples et à celles du gouvernement. Déjà leur aisance augmentée a seule, pendant les orages de la révolution, rétabli nos manufactures et notre commerce. C'est donc cette aisance qu'il faut s'efforcer d'augmenter encore, puisqu'elle influe si fortement sur la prospérité des villes et sur la fortune publique. Pour l'accroître, il faut diminuer leurs charges ; il faut surtout délivrer leurs habitans, ainsi que ceux des villes, des impôts les plus vexatoires, et dont la perception est la plus dispendieuse : les intérêts des campagnes et ceux des villes, qui ont des points de contact multipliés, et une réaction continuelle les uns sur les autres, ne doivent jamais être séparés.

Je sais que les circonstances ne sont pas favorables pour proposer de semblables suppressions; mais il est possible de commencer par ceux des impôts qui sont les plus onéreux, les plus immoraux, et dont les effets sont les plus nuisibles à l'industrie.

On peut placer au premier rang celui des loteries, dont les frais de perception égalent, année commune, le produit net qui en revient au trésor

public, et dont on sait que les effets tendent à démoraliser et à vicier de plus en plus, dans les
grandes villes, toutes les classes inférieures du
peuple. Le dernier rapport officiel du ministre
des finances, duc de Gaëte (*pag.* 182 *et* 183),
nous informe qu'en 1814 les frais avoient excédé
les produits de 584,000 fr. : le trésor public n'a
donc plus d'intérêt à laisser subsister les loteries.

Vient ensuite l'impôt sur les boissons, dont on
connoît les fâcheux résultats pour la culture des
vignobles, et dont l'abolition a été généralement
demandée dans tous les départemens. Sa conversion en abonnemens, la suppression du droit de
mouvement et des exercices, diminuent les vexations; mais les vices principaux des frais et accessoires, qui augmentent de plus d'un tiers la charge
des contribuables, ainsi qu'on l'a vu précédemment, subsistent encore. Il est donc désirable
qu'il soit entièrement supprimé.

Puis celui des douanes, qui, comme on l'a démontré, est un fléau réel pour toutes nos industries, et qui, pour être maintenu, exige une législation monstrueuse. Sa suppression (1) ne peut pas
être regrettée par le trésor public, car on vient de
voir que si on respecte les principes, qui veulent
que toutes nos exportations, sans exception,

____

(1) Il est facile de prevoir que l'occupation des places
fortes par les armées des puissances étrangères favorisera
plus que jamais la contrebande.

et l'importation des matières premières et des subsistances, soient affranchies de tous droits de douanes, le produit net sur le surplus des importations sera à peine suffisant pour couvrir les frais de perception.

Il est à souhaiter aussi que l'impôt sur le tabac soit modifié : sa perception est nuisible à l'agriculture, coûteuse et vexatoire. Son prix excessif donnera lieu à une fraude considérable. Un gouvernement juste ne doit laisser subsister aucun monopole particulier ni public, moins encore celui du tabac, qui doit son origine à une injustice criante, à la violation du droit sacré de propriété, et à un abus de pouvoir intolérable. Un système d'abonnemens annuels à payer par les fabricans et les débitans produiroit un revenu moindre, mais plus assuré, et surtout exempt des vices reprochés à la perception actuelle.

N'oublions pas que, dans tous les temps, les formes vexatoires, employées pour la perception des impôts, ont constamment produit les plaintes, les murmures, les désordres, et bientôt après les révolutions.

Il seroit à désirer qu'on pût supprimer aussi l'impôt des octrois ou entrées des villes, qui a plusieurs caractères de réprobation qui lui sont communs avec les droits sur les boissons, et qui pèse principalement sur les classes laborieuses. Mais sa perception est moins dispendieuse et moins abusive que celle des impôts dont on vient de parler ; il est d'ailleurs difficile à remplacer : espérons qu'il viendra un temps plus heureux, où il sera possible de s'en occuper.

L'impôt sur le sel est fâcheux, parce qu'il est établi sur une denrée de première nécessité ; mais sa perception est facile, peu coûteuse et elle n'est pas vexatoire, ce qui est décisif pour sa conservation. Il est essentiel qu'il ne soit jamais augmenté au-delà de trois décimes le kilogramme, avec d'autant plus de raison, qu'il a été démontré qu'à ce taux il ne se feroit presque aucune contrebande, et que la consommation seroit plus forte d'un sixième que lorsque le droit étoit à quatre décimes.

Il me reste à prouver qu'après la suppression des divers impôts les plus oppressifs que je viens de proposer, les produits de ceux qui resteront seront plus que suffisans pour acquitter toutes les dépenses dans les années ordinaires de paix. Le tableau des recettes et dépenses, tel qu'il a été présenté en 1814 aux deux Chambres par le ministre des finances, en offrira la preuve.

On doit observer que l'année 1815 ne peut être comparée à aucune autre, non-seulement parce que la France a été en guerre avec toutes les puissances de l'Europe, mais encore parce qu'elle a été envahie par des armées innombrables qui y ont séjourné plusieurs mois. Pendant les hostilités, et assez long-temps après, toutes les caisses des receveurs et les produits des impôts ont été à la disposition des généraux dans les pays occupés par leurs troupes, et le trésor public sera privé des sommes qui leur ont été payées. Dans le même temps, les bureaux des douanes ayant été abandonnés par les employés, qui avoient été envoyés dans les places de guerre, et les frontières étant ouvertes de tous côtés, les contrebandiers ont pu faire entrer en fraude des quantités considérables de sels, de tabacs, de denrées coloniales et de marchandises étrangères. Ces introductions réduiront fortement les produits des douanes, du sel et du tabac. Les impôts directs éprouveront aussi un déficit énorme et beaucoup de non valeurs, parce que les habitans ruinés des départemens envahis seront hors d'état de payer aucun impôt.

D'un autre côté, les dépenses, et surtout celles de la guerre, ont été forcées depuis le mois de mars. Ainsi, les recettes et les dépenses de 1815 ne peuvent servir de comparaison pour une année commune.

Le tableau suivant ne présentera donc que les recettes et les dépenses des années ordinaires de paix, sans égard aux contributions de guerre à payer aux puissances, qui nécessiteront des impôts extraordinaires.

J'en retrancherai les impôts indirects suivans, dont j'ai proposé la suppression ou la diminution.

Loteries . . . . 8,000,000 f.
Boissons 55,000,000
Douanes 20,000,000
Diminution sur les tabacs. 5,000,000
____
88,000,000

Mais j'y ajouterai 26,000,000 fr. pour les augmentations qui auront probablement lieu, par les raisons qui vont être énoncées, sur les produits de l'enregistrement, des bois et des sels.

TABLEAU des recettes et dépenses dans les années ordinaires de paix.

RECETTES.

Contributions directes . . . . 340,000,000 f.
Dito . . . . . indirectes
   Timbre 18,000,000
   Greffes. 4,000,000
   Hypothèques. 8,000,000
   Amendes. 2,000,000
   Fermages, rentes, domaines 8,000,000
   Enregistrement (1). . . . 68,000,000
_______________ 108,000,000
____
448,000,000

(1) Le produit de l'enregistrement, qui en 1806 étoit

D'autre part . . . . 448,000,000 f.

Bois (1) 12,000,000

Sels (2) 3o,ooo,ooo

Tabacs, 25,ooo,ooo fr., à réduire par abonnemens à 20,000,000

Recettes diverses . 28,ooo,ooo fr., dont à
retrancher . . . 8,ooo,ooo pour la
suppression des loteries : reste 20,000,000

Augmentations probables sur

l'enregistrement 10,000,000

les bois 6,000,000

le sel 10,000,000
____
26,000,000
____

Total 556,000,000

---

de 98,ooo,ooo fr. net, ne peut pas être à présent réduit à 68.
La France étoit alors composée de cent dix départemens.
La part des vingt-trois départemens qu'elle a perdus étoit
de 14 à 15,ooo,ooo fr. ; il en resteroit encore quatre-vingt-
trois. On ne peut donc pas supposer le produit moindre de
78,ooo,ooo fr.; ce seroit une augmentation de 10,ooo,ooo fr.
Les produits de 1814, malgré les événemens, ont été, compris les décimes, de 73,ooo,ooo fr.

(1) La vente des bois a produit net 40,ooo,ooo fr. en 1806,
sur cent dix départemens; elle devroit proportionnellement
produire 3o à 32,ooo,ooo fr. sur les quatre-vingt-sept restans.
En diminuant 8 à 10,ooo,ooo fr. pour les aliénations nouvelles, il en resteroit encore 20 à 22 : ce qui est confirmé
par les produits de 1814. En les réduisant à 18, ce seroit
6,ooo,ooo fr. au-delà de l'estimation.

(2) La consommation du sel a été évaluée par le ministre
lui-même de douze à treize livres par individu. La popu-

DÉPENSES.

Liste civile 25,000,000
Princes   8,000,000
                         ———————— 33,000,000 f.
Les deux Chambres.   7,200,000
Ministère de la justice.   20,000,000
Affaires étrangères   9,500,000
Intérieur   85,000,000
Guerre. 200,000,000
Marine.   51,000,000
Police générale   1,000,000
Finances   23,000,000
Dette publique 100,000,000
Intérêts de cautionnemens   8,000,000
Frais de négociations   10,000,000
                  Total 547,700,000
         Excédent des recettes   8,300,000
                                           556,000,000

Ainsi, dans les années ordinaires de paix, les recettes, quoique diminuées des produits de la loterie, des boissons, des douanes et d'une partie de celui des tabacs, suffiroient largement à toutes les dépenses.

———————

lation de la France étant estimée à vingt-six millions au moins, et la consommation par individu seulement à douze livres, ou 1 fr. 80 c., le montant brut seroit de 46,800,000 fr., et, net, au moins 42,000,000 f.: il y auroit donc 12,000,000 f. d'augmentation sur l'évaluation du ministre: je la réduis à 10.

Il y auroit même probablement de grandes économies à faire sur ces dépenses, principalement sur celles de la marine.

Ce qui a été dit plus haut sur l'impossibilité où est la France de lutter avec avantage sur mer contre l'Angleterre, mérite du moins le plus sérieux examen; et si cette vérité est démontrée, les dépenses de la marine pourroient être considérablement diminuées.

En présentant au Parlement le budget de 1815, le ministre anglais a annoncé que les dépenses de l'état de paix, non compris les intérêts de la dette publique, qui sont de 42,000,000 sterlings (plus d'un milliard de francs), ne seroient que de 19,000,000 sterlings, et qu'elles seroient ensuite successivement réduites à 14,000,000. Mais, en supposant même qu'elles restassent fixées à 19,000,000 sterlings, ou 456,000,000 fr. au pair du change, on ne peut se refuser de croire que les dépenses de l'établissement de paix en France, où toutes les denrées sont moitié moins chères qu'en Angleterre, pourroient être facilement réduites au-dessous, ou du moins à la même somme. Or, si on retranche de l'état ci-dessus des dépenses de la France les 100,000,000 fr. destinés à payer les intérêts de la dette, il restera aussi 456,000,000 fr. pour payer toutes les autres dépenses. Il n'y a donc pas de doute que cette somme ne fût plus que suffisante en temps de paix, qu'il n'y eût même un fort excédant de recettes, si l'on faisoit dans les dépenses des ministères toutes les économies dont elles sont susceptibles.

Je réitère que je ne parle ici que des années ordinaires ; car je ne me dissimule pas que, dans la situation déplorable où se trouve la France, et pour qu'elle puisse acquitter toutes les charges dont elle est accablée, il sera indispensable de recourir à des mesures de finances extraordinaires : elles nécessiteront sans doute la continuation pendant plusieurs années des droits sur les boissons et sur les tabacs, et même une augmentation sur tous les impôts directs, peut-être des réductions sur tous les traitemens, et la plus sévère économie. Le roi et les princes viennent de donner un grand et mémorable exemple d'économie et de générosité. Le roi a manifesté sa résolution d'étendre les réductions et les économies sur tous les ministères et sur toutes les administrations. Propriétaires, manufacturiers, commerçans, tous les Français, suivant leurs moyens, doivent s'empresser de seconder les vues bienfaisantes du roi et de sa famille, et de faire tous les sacrifices qui seront en leur pouvoir pour guérir promptement les plaies profondes qui ont été faites à la France en si peu de temps.

Mais, comme dans ces années de détresse et de misère générale, les loteries et les douanes ne rendront probablement aucun produit net au trésor public, il n'y auroit aucun motif qui pût empêcher d'en prononcer dès à présent la suppression, en prenant, pour l'importation des produits du sol et de l'industrie venant de l'étranger, les mesures et les ménagemens que j'ai indiqués.

Les leçons de l'expérience nous apprennent aussi qu'il ne suffit pas de régler les finances pour les années de paix ordinaires ; mais qu'il seroit de la plus grande importance de s'occuper pendant la paix des mesures nécessaires pour subvenir aux dépenses des guerres que la France auroit à soutenir par la suite.

La sagesse de ces mesures contribueroit fortement à maintenir la prospérité de toutes nos industries, et à détourner les puissances de l'Europe de la pensée de nous attaquer injustement.

Les guerres exigent, non-seulement des augmentations d'impôts, mais encore des capitaux disponibles à l'instant où les hostilités commencent, pour payer les premières dépenses, qui sont toujours très-considérables.

Il est difficile de se flatter de pouvoir augmenter les impôts indirects, dont les plus productifs, ceux du sel, des boissons et du tabac, sont déjà très-élevés. Si on les augmente, la consommation diminuera, la fraude s'accroîtra, et le trésor public n'éprouvera aucune amélioration annuelle sur ces recettes.

On ne peut donc avoir recours en temps de

guerre qu'à une augmentation sur les impôts directs; on peut encore diminuer les dépenses, en faisant une retenue sur les traitemens des fonctionnaires et des employés civils.

A l'égard des capitaux disponibles, on ne peut les trouver que dans des emprunts, qui, vu les circonstances et l'état actuel du crédit public, ne réussiront pas de long-temps : on les trouveroit certainement dans le produit d'économies cumulées pendant plusieurs années de paix.

Deux vérités me paroissent incontestables :

L'une, que, parmi les habitans du royaume, les propriétaires, les manufacturiers, les commerçans, les fonctionnaires et les employés du gouvernement, sont ceux qui sont les plus intéressés à éviter les guerres injustes, et à repousser vigoureusement les invasions et les agressions qui menaceroient nos frontières;

L'autre, qu'en temps de paix il y aura de grandes économies à faire sur plusieurs ministères, notamment sur celui de la marine, pour les raisons que j'ai précédemment développées.

Je porterai ces économies à 20,000,000 fr., et je suis convaincu qu'elles peuvent être plus considérables.

C'est de ces deux sources seulement que peuvent dériver les fonds destinés à payer les dépenses des guerres que la France auroit à soutenir. Il y a tout lieu d'espérer que désormais sa politique sera dirigée par des principes de prudence et de modération tels, qu'elle ne sera jamais exposée à lutter, seule, sans alliés, contre plusieurs puissances à la fois, bien moins encore contre l'Europe entière.

Les guerres, ayant changé de nature, sont devenues si coûteuses, qu'elles ne peuvent pas être longues. Je supposerai que leur durée commune soit de cinq années, et que les intervalles de paix soient de dix ans : il est à présumer que les moyens suivans suffiroient pour en acquitter les dépenses.

Les 20,000,000 fr. d'économies annuelles dont je viens de parler seront constamment employés à acheter à la bourse des inscriptions de rentes, dont les intérêts, cumulés avec les capitaux, formeront au bout de dix ans une somme de 280,000,000 fr. environ, en admettant que les achats auront été faits l'un dans l'autre à raison de six pour cent d'intérêts.

Ces achats seroient continués en temps de guerre comme en temps de paix.

La caisse d'amortissement, réorganisée de manière qu'elle fût totalement indépendante de l'action du gouvernement pour ces achats de rentes et pour l'emploi exclusif des capitaux et des intérêts, seroit chargée de cette opération financière.

S'il survenoit une guerre, il seroit revendu des parties de ces inscriptions de rentes jusqu'à la concurrence de 60,000,000 fr. de capital, qui seroient employés à payer les dépenses les plus urgentes.

Il seroit pourvu au surplus des dépenses annuelles de la guerre par une augmentation sur les impôts directs, et par une retenue sur. les traitemens.

Le montant de toutes les contributions directes est d'environ 330,000,000 fr. . .   330,000,000 f.

Celui des traitemens des fonctionnaires et employés civils, est de 190,000,000 fr. environ; mais comme il seroit juste d'exempter de la retenue les emplois de 1,500 fr. et au-dessous, j'en réduis le montant à   170,000,000

Total . . .   500,000,000

Maintenant je suppose que les dépenses extraordinaires de la guerre exigent une somme annuelle de 150,000,000 fr. : déjà la revente des inscriptions de rentes en aura fourni 60,000,000 fr., il resteroit 90,000,000 fr., pour le paiement desquels toutes les contributions directes seroient augmentées de 18 cent. par franc, et les traitemens civils au-dessus de 1,500 fr. assujétis à une retenue égale de 18 cent. : les mêmes proportions en plus ou en moins seroient suivies, si les dépenses de la guerre étoient moindres ou plus fortes.

Il est à remarquer (cela est prouvé par le calcul) que la caisse d'amortissement, possédant, à l'expiration de dix années de paix, un capital de 280,000,000 fr., après avoir fourni annuellement pendant cinq ans 60,000,000 fr. pour les dépenses extraordinaires de la guerre, s'il en survenoit, et ayant continué à employer chaque année 20,000,000 fr. et les intérêts cumulés des achats précédens en inscriptions de rentes, se trouvera riche encore d'environ 126,800,000 fr., et qu'elle pourra contribuer aux frais de la guerre pendant deux ans de plus, après lesquels il lui restera un capital de plus de 52,000,000 fr.

La France est aujourd'hui dans l'état où elle seroit si elle avoit à soutenir la guerre la plus malheureuse et la plus dispendieuse. Elle ne peut sortir de cette situation cruelle que par des sacrifices et par des efforts extraordinaires, sans lesquels elle ne pourroit payer les contributions exigées par les puissances. Cette crise nécessite des mesures semblables à celles qu'on vient de proposer.

L'accumulation des capitaux de rentes à la caisse d'amortissement n'existant pas encore, on ne peut s'en servir.

On ne peut non plus avoir recours ni à des emprunts, qui ne réussiroient pas, ni à aucune augmentation d'impôts indirects, pour les raisons qui viennent d'être énoncées. Il n'y a donc d'autre ressource que celle de l'augmentation de toutes les contributions directes, et celle déjà annoncée par S. M. de la réduction des traitemens des agens du gouvernement, et des économies à faire dans toutes les administrations, moyens que le ministère proportionneroit facilement aux paiemens annuels auxquels la France sera obligée par les Traités.

RÉSUMÉ.

—

Je vais rappeler au lecteur les principales mesures que j'ai indiquées comme étant les plus propres à encourager le commerce intérieur et extérieur.

Commerce intérieur.

Celui des principes que je regarde comme le plus essentiel à la prospérité de tous les commerces, est la concurrence illimitée des vendeurs, conséquemment le maintien de la suppression des maîtrises et des apprentissages. C'est de cette concurrence seulement qu'on peut attendre la perfection et le bon marché de tous les produits agricoles et industriels.

L'intérêt des consommateurs, et même l'intérêt réel des commerçans, réclament encore :

La suppression de tous les monopoles, des cautionnemens des bouchers, et des obligations imposées aux boulangers ;

La suppression de toute taxe de denrées ou marchandises ;

L'interdiction de toute altération de monnoie, et plus encore celle d'aucune émission de papier-monnoie ;

La révision et la refonte du troisième livre du Code de commerce ;

L'abolition de la contrainte par corps ;

La suppression des loteries et des impôts indirects les plus nuisibles aux classes laborieuses et à l'industrie.

Commerce extérieur.

Tous nos intérêts commerciaux et politiques se réunissent pour nous conseiller l'adoption des mesures suivantes :

La liberté illimitée du commerce extérieur ;

L'admission des navires étrangers dans nos ports, aux mêmes conditions que les navires français ;

La liberté illimitée du commerce pour les colonies qui restent à la France ;

Le renouvellement de nos liaisons d'amitié et d'alliance intime avec les États-Unis d'Amérique; invitation aux armateurs français de tourner leurs vues et leurs spéculations maritimes vers les ports nombreux de ces vastes contrées, qui offrent tant de ressources a u commerce et à l'industrie française;

Le prompt établissement de relations commerciales, aussi étendues que les circonstances le permettront, avec les différentes colonies espagnoles et avec le Brésil;

L'adoption concertée avec les grandes puissances de l'Europe d'un code maritime général, commun à toutes les nations.

De toutes les mesures, la plus nécessaire pour accélérer les progrès de toutes nos industries, et pour consolider l'ordre social tout entier, est la stabilité des lois qui régissent à présent la France, et sur lesquelles reposent son agriculture, ses manufactures, son commerce, toutes les richesses particulières et toutes les ressources de l'état.

Ces institutions ne ressemblent en rien à celles qui existoient avant 1789 : alors la France étoit composée de pièces rapportées les unes après les autres. Elle comprenoit d'anciennes provinces qui avoient été privées de leurs droits, et des provinces plus nouvellement réunies à la couronne, qui avoient conservé leurs lois et une partie de leurs priviléges. Alors chaque province, chaque canton, chaque ville avoit ses coutumes, ses lois, ses usages, ses tribunaux, une administration particulière, des impôts différens dans leur espèce, dans leur quotité, dans leur assiette et dans leur répartition : ici, des intendans revêtus du pouvoir arbitraire ; là, des pays d'états , où les classes laborieuses étoient moins opprimées et plus heureuses.

Dans les provinces du midi, on suivoit le droit romain. Le ressort très-étendu du parlement de Paris étoit régi par les lois françaises, celui de Rouen suivoit les lois normandes. Des coutumes et des usages différens étoient suivis dans les autres parlemens.

Dans le midi, la loi autorisoit les pères à donner tous leurs biens à un seul de leurs enfans, et à déshériter tous les autres, en leur accordant une foible légitime. En Normandie, les filles n'avoient droit qu'au tiers de la succession de leur père. Dans toute la France, les aînés des familles nobles héritoient de la plus grande partie des biens, au préjudice de leurs frères et sœurs.

Cette complication de lois, de coutumes et de priviléges, produisoit des variations à l'infini dans les contrats de mariage, dans les actes et dans les transactions, dans les testamens, dans les partages de successions, dans les décisions des ministres et dans les jugemens des tribunaux.

En matière criminelle, les lois françaises étoient barbares. L'accusé étoit traité d'avance comme s'il eût été coupable ; il étoit chargé de fers et plongé dans un cachot ; l'instruction de son procès étoit secrète ; il lui étoit interdit de se servir d'un défenseur. Les peines contre les condamnés étoient toutes plus ou moins cruelles.

Le maintien et l'exécution de lois si variées et si bizarres étoient aussi difficiles pour le gouvernement, qu'elles étoient nuisibles aux intérêts des gouvernés. Nos rois avoient sans cesse à lutter contre les grands corps de l'état, contre les ordres du clergé et de la noblesse, contre les pays d'états, contre les parlemens et les autres cours souveraines. La subdivision égale des impôts entre les différentes provinces, dont plusieurs avoient conservé leurs priviléges, étoit impossible. Lorsqu'il s'élevoit des besoins d'argent pour les dépenses d'une guerre, ou de toute autre mesure urgente, le gouvernement avoit la douleur de voir que les anciennes provinces, qui n'avoient plus d'états ni de priviléges, quoique déjà surchargées, étoient les seules qu'il pût charger encore. Si les besoins augmentoient, il étoit réduit aux plus honteux expédiens, tels que la suspension des paiemens, la création de maîtrises, de charges de finances et de judicature, l'établissement de chambres ardentes pour faire rendre gorge aux financiers, et autres mesures aussi fâcheuses.

Les provinces nouvelles, plus ou moins privilégiées, étant moins écrasées d'impôts : on avoit imaginé, pour balancer les différences qui existoient à leur avantage, d'établir, à l'entrée de chacune d'elles, des douanes et des barrières où l'on faisoit payer des droits sur les marchandises qui entroient et sortoient. Ce système, loin de favoriser l'ancienne France, lui étoit préjudiciable et nuisoit à toutes ses industries, dont on achetoit d'autant moins les produits, qu'ils étoient plus chargés de droits. Les communications étoient tellement entravées, qu'on n'avoit pas même la faculté de faire sortir sans permission les blés d'une province pour être transportés dans une autre.

Au reste, dans toutes les provinces anciennes et nouvelles, les dîmes, les droits féodaux, les corvées royales et seigneuriales, les tailles, la gabelle, les aides, le tabac, et divers autres impôts arbitraires, pesoient avec plus ou moins de force sur toutes les classes des habitans non privilégiés. Dans toutes ces provinces, les Français roturiers, sauf quelques exceptions très-rares, étoient exclus de tous les emplois honorifiques et de tous les grades supérieurs dans l'armée et dans la marine.

Toutes ces lois, toutes ces coutumes et ces anciennes formes d'administration peuvent être encore admirées par certaines personnes, constantes dans leurs préventions ; il suffira, pour les apprécier, de les comparer avec les nouvelles institutions.

L'organisation actuelle de la France ne res-

semble en rien à celle qui existoit avant 1789.
A présent, ses lois, ses institutions civiles, criminelles, administratives, municipales et financières
forment un tout uniforme, un ensemble parfait.
Elles sont d'autant mieux coordonnées les unes
avec les autres, qu'elles dérivent des principes
immuables de la justice.

Il n'existe plus de priviléges de corps, d'ordres
et de provinces, ni de priviléges particuliers;
plus de corvées, de droits féodaux. de dîmes,
de tailles. Tous les impôts sont uniformes dans
tous les départemens, pour leur assiette et leur
perception; ils sont proportionnés aux revenus
et aux facultés, sans distinction de rang et de
richesse. Les successions se partagent également
entre tous les enfans ou leurs représentans.

Tous les Français sont égaux devant la loi;
tous sont admissibles aux emplois civils et militaires.

L'instruction publique en matière criminelle,
l'institution des jurés et le droit de se choisir un
défenseur, assurent aux accusés tous les moyens
qu'ils puissent désirer pour être préservés des
condamnations injustes.

Le Code civil français est le meilleur qui existe.
Le Code criminel, moins parfait, est cependant
très-supérieur à l'ancien.

La Cour de cassation, toutes les cours et tous
les tribunaux de justice, parfaitement organisés,

remplissent leurs fonctions à la satisfaction générale.

Les administrations des départemens, d'arrondissemens et de communes, sont d'une simplicité admirable. Elles offrent à l'action du gouvernement, pour l'exécution des lois, une facilité étonnante, trop grande peut-être, puisque le chef de l'empire en a si horriblement abusé pour établir tous les genres de tyrannie.

Est-il un Français qui ne soit pénétré de reconnoissance envers les maires et les officiers municipaux des villes et des campagnes, qui ont rempli gratuitement et avec tant de zèle des fonctions si pénibles et si difficiles, surtout en 1814 et 1815 ?

Peut-on se lasser d'admirer aussi cette belle institution des gardes nationales, qui ont rendu, avec le même désintéressement et le même zèle, des services si importans à Paris et dans les grandes villes, à ces deux époques désastreuses, qui laisseront en France de si amers souvenirs ? Il est remarquable que ces gardes nationales jouissent d'une telle considération dans l'opinion publique, qu'ils ont maintenu l'ordre et la paix, non-seulement parmi leurs concitoyens, mais encore parmi ces étrangers de tant de nations différentes et venus de si loin pour nous imposer des lois.

Les ennemis même ont été forcés d'admirer ces

grandes et belles institutions : c'est devant elles, devant cette force morale invisible, que se sont arrêtées leurs phalanges innombrables. Cet ordre si simple et si parfait d'administration intérieure les a frappés d'étonnement ; il a suffi pour calmer leurs passions, leur animosité et leurs ressentimens, et pour leur faire abandonner ces projets de destruction prêchés par des journalistes étrangers, ivres de fureur et de vengeance.

Toutes ces institutions ont été achetées bien cher, trop cher peut-être par la génération présente ; mais les Français auront du moins la consolation d'en laisser la jouissance à leurs enfans. Si l'on persiste à dire que les lois et les coutumes anciennes de la France étoient bonnes, il est impossible de ne pas convenir que ses institutions actuelles sont infiniment meilleures, et que le plus grand malheur qui pourroit arriver aux Français seroit de les perdre.

On doit observer que les peuples de tant de provinces, qui avoient des coutumes si différentes, ont tous adopté avec joie et conservé soigneusement, depuis 1789, toutes ces nouvelles institutions, tandis que les constitutions ont toutes été violées *par les divers gouvernans* qui se sont succédé, et qui tous aspiroient au despotisme. Ils en ont été punis : tous ont été dépouillés du pouvoir dont ils avoient si indignement abusé ; punition bien foible en comparaison des maux que ces infractions aux lois fondamentales avoient fait éprouver à la France.

Mais ces institutions, fussent-elles plus parfaites encore, ne seront bâties que sur le sable, tant qu'elles ne seront pas appuyées sur une constitution immuable et qui ne puisse être impunément violée. Elles ont été à la merci du chef du gouvernement impérial, qui n'a cessé de les enfreindre.

La constitution qu'il avoit fait accepter par le Sénat, étoit une monstruosité bizarre, fruit d'une imagination déréglée, dont toutes les combinaisons tendoient à fixer et consolider le pouvoir absolu dans ses mains. Cependant elle lui porta encore ombrage : il ne tarda pas à renverser le Tribunat, qui étoit la seule barrière opposée à sa tyrannie. Il détruisit ensuite facilement celles de nos institutions qui le gênoient dans son projet d'enchaîner tous les Français, pour se servir de leurs biens et de leurs enfans à la conquête et à l'asservissement de l'Europe.

Ce colosse de tyrannie est, pour la seconde fois, renversé ; mais, dans le court espace de quelques mois, il a plongé la France dans un abîme de calamités et d'humiliations dont elle ne peut espérer de remède que dans la conservation de ses institutions, garanties par la charte constitutionnelle.

La sagesse des lois contribue plus qu'aucune

autre cause à faire fleurir toutes les industries, et à faire naître cet esprit public si désirable, qui constitue la principale force des nations : les États-Unis en sont la preuve la plus convaincante ; c'est à l'excellence de leurs lois qu'ils sont redevables de leur étonnante prospérité. C'est à la même cause que les Anglais doivent leurs succès prodigieux et leur supériorité actuelle en Europe. La nation qui, à leur exemple, aura le gouvernement le plus parfait, obtiendra les mêmes résultats.

Observons avec attention les peuples les mieux gouvernés de l'Europe, les Suisses, les Anglais, les Hollandais, les Belges, les Suédois, les Toscans ; comparons leur population, leur agriculture, leur industrie, leurs richesses, leur énergie, leur civilisation, avec celles des peuples dont les gouvernemens passent pour être les plus défectueux, tels que ceux de la Turquie, de la Pologne, de l'Espagne : quelle prodigieuse distance entre eux pour la puissance, les ressources, et surtout pour le bonheur des hommes soumis à leurs lois ! Efforçons-nous d'égaler, de surpasser même les premiers : nous le pouvons, car plusieurs de nos institutions sont plus parfaites que celles qui ont fait jusqu'à présent leur orgueil et leur gloire.

Nous avons tout lieu d'espérer que nous resterons long-temps en paix avec nos voisins ; cependant nous ne devons pas oublier que, dans le siècle dernier, nous avons été cinq fois en guerre avec l'Angleterre. Sa force morale, qui dérive de sa constitution, a doublé la force de ses armées et de ses flottes. Hâtons-nous donc de perfectionner la nôtre, et d'y attacher la nation tout entière, afin d'avoir pour nous défendre des armes égales à celles dont on se servira pour nous attaquer.

La France étoit dans la bonne voie en 1789 : elle avoit consacré tous les principes qui garantissent les droits et assurent le bonheur des sociétés humaines; mais de funestes résistances, des révolutions sans cesse renouvelées, et la tyrannie impériale, ont détruit des espérances qui paroissoient si bien fondées.

Après vingt-cinq ans d'anarchie, de despotisme, de guerres, de victoires, et de revers épouvantables, qui doivent être pour elle autant de sujets de profondes réflexions, elle se trouve replacée au point où elle s'étoit arrêtée en 1791. Le roi lui a rendu cette loi fondamentale après laquelle elle soupiroit depuis si long-temps. La Charte constitutionnelle doit être pour tous les Français de toutes les classes, de toutes les professions et de tous les partis, l'Arche d'alliance, autour de laquelle doivent se réunir et se confondre tous les vœux, toutes les opinions, tous les intérêts et toutes les volontés. Son exécution fidèle sera, de tous les moyens, le plus efficace pour ramener

le calme en France, pour réparer les maux que
la présence des troupes étrangères a causés dans
les départemens, pour assurer au roi la reconnoissance et les bénédictions des peuples, et enfin
pour rétablir la prospérité de l'agriculture, des
manufactures et de toutes les branches de l'industrie française.

FIN.

TABLE DES CHAPITRES

DU TOME SECOND.

TROISIÈME PARTIE.

COMMERCE.

www.ingramcontent.com/pod-product-compliance
Ingram Content Group UK Ltd.
Pitfield, Milton Keynes, MK11 3LW, UK
UKHW021915070726
13614UKWH00001B/55